Walter Schubach

Wald im Wandel

stv

Walter Schubach

WALD im WANDEL

BAUMARTEN • VERJÜNGUNGSZIELE • MISCHUNGSFORMEN

Leopold Stocker Verlag

Graz – Stuttgart

Umschlaggestaltung, Layout und Repro: Werbeagentur Rypka GmbH,
8143 Dobl/Graz, www.rypka.at
Fotonachweis: Umschlag-Vorderseite: © Xurzon/istock.com
Bildnachweis: Die Urheber sind bei der jeweiligen Abbildung angegeben.

Bibliografische Information der Deutschen Nationalbibliothek:
Die Deutsche Nationalbibliothek verzeichnet diese Publikation in der Deutschen Nationalbibliografie; detaillierte bibliografische Daten sind im Internet unter http://dnb.d-nb.de abrufbar.

Hinweis: Dieses Buch wurde auf chlorfrei gebleichtem Papier gedruckt. Die zum Schutz vor Verschmutzung verwendete Einschweißfolie ist aus Polyethylen chlor- und schwefelfrei hergestellt. Diese umweltfreundliche Folie verhält sich grundwasserneutral, ist voll recyclingfähig und verbrennt in Müllverbrennungsanlagen völlig ungiftig.

Auf Wunsch senden wir Ihnen gerne kostenlos unser Verlagsverzeichnis zu:
Leopold Stocker Verlag GmbH
Hofgasse 5/Postfach 438
A-8011 Graz
Tel.: +43 (0)316/82 16 36
Fax: +43 (0)316/83 56 12
E-Mail: stocker-verlag@stocker-verlag.com
www.stocker-verlag.com

ISBN 978-3-7020-2316-4

INHALT

NATUR NATUR SEIN LASSEN?

HABEN BUCHE UND TANNE NOCH EINE ZUKUNFT?

DROHT EINE VERSTEPPUNG DER LANDSCHAFT?

BRAUCHEN WIR EINE ZEITEN-WENDE BEI DER JAGD?

EIN PAAR GEDANKEN VORAB

Hand aufs Herz, wann haben Sie das letzte Mal, ohne vom Borkenkäfer getrieben worden zu sein, etwas in Ihrem Wald gemacht? Zielgerichtet Ihren Wald gepflegt, durchforstet oder die Verjüngung des Waldes eingeleitet? Vielleicht tue ich Ihnen unrecht, aber möglicherweise ist es doch eine Weile her.

Mit diesem Buch möchte ich Sie anregen und dabei unterstützen, in Ihrem Wald tätig zu werden. Der Wald ist augenscheinlich in der Krise, wir sehen es an den großflächig abgestorbenen Fichtenbeständen im Harz, im Thüringer Wald, im Frankenwald oder anderswo. 461.000 Hektar, 17 % ihrer Fläche, hat allein die Fichte in Deutschland in nur zehn Jahren verloren. Selbst in den Alpen, einem natürlichen Verbreitungsgebiet der Fichte, sind die Schäden dramatisch. So ist in Osttirol ein Viertel des Waldes, vorwiegend im Schutzwald, dem Borkenkäfer zum Opfer gefallen.

Der Wald braucht unsere Hilfe und Unterstützung, um mit den Folgen des Klimawandels fertig zu werden.

Und das ist die gute Botschaft: Bei all den Problemen und offenen Fragen, wir können mit oft überraschend einfachen Maßnahmen den Wald klimastabiler gestalten. Es geht um mehr, als nur Schadflächen mit passenden Baumarten zu bepflanzen. Entscheidend ist, dass wir jetzt bereit sind zu handeln! Nach der Borkenkäferkalamität ist vor der Borkenkäferkalamität.

Es geht aber auch um den Schutz Ihres Vermögens. Denken Sie allein an den Wertunterschied, den ein gesunder Fichtenbestand im Vergleich zu einem durch Borkenkäferbefall abgestorbenen Fichtenbestand hat. Das macht tausende von Euros aus. Machen Sie sich auf den Weg, gestalten Sie Ihren Wald klimastabil, es ist einfacher, als Sie jetzt denken. Entscheidend ist das Wollen. Dabei kann man auf vielfältige Art und Weise unterstützt werden. Die Zeiten, wo man selbst die Motorsäge oder eine Pflanzhaue in die Hand nehmen muss, sind längst vorbei. Hierfür gibt es Waldbesitzervereinigungen, forstliche Unternehmer und eine flächendeckende forstliche Beratung durch den Staat. Er unterstützt hierbei nicht nur mit Beratung, sondern auch finanziell. Die bisherige Schwäche des deutschen Privatwaldes mit seinen rund 1,8 Millionen Waldbesitzern und seiner zum Teil extremen Besitzzersplitterung könnte so zu seiner Stärke werden.

Walter Schubach

Der Wald verdient unser aller Engagement. Foto: Karin Ch. Taferner

DER WECKRUF – DER WALD STIRBT

Verfolgt man die Berichterstattung und die öffentliche Diskussion über die Klimakrise in den Medien, könnte man fast meinen, der Klimawandel sei ein neues Phänomen, das ganz plötzlich und ohne Ankündigung über die Menschheit hereingebrochen ist. Tatsächlich ist das Wissen über den Klimawandel schon alt.

Bereits 1896 formulierte der Nobelpreisträger Svante Arrhenius, ein schwedischer Physiker und Chemiker, die Theorie der globalen Erwärmung durch den Einsatz fossiler Brennstoffe. Er rechnete damit, dass eine Verdopplung der Kohlenstoffdioxid-Konzentration in der Atmosphäre zu einer weltweiten Temperaturerhöhung von 5 °C führen würde. Anders als heute gewann er dem Treibhauseffekt überwiegend positive Seiten ab. Er nahm an, dass sich insbesondere in den kalten Teilen der Erde die klimatischen Verhältnisse bessern und die Ernteerträge in der Landwirtschaft sich um ein Vielfaches erhöhen würden.

Die später entwickelten Hypothesen und Warnungen zur Erwärmung wurden zur Kenntnis genommen, aber in ihrer Dimension im Sinne des Wortes nicht begriffen. So schrieb zum Beispiel der renommierte Freiburger Waldbauprofessor Dr. Helmut Schmidt-Vogt noch 1989 in seinem Standardwerk über die Fichte in einem kleinen Absatz, dass nach klimatologischen Modellrechnungen die Fichten, die wir heute pflanzen, in einem um etwa 2–4 °C wärmeren Klima stehen werden. Die Dramatik, welche damit für die Fichte, ja für den ganzen Wald verbunden ist, wurde noch nicht erkannt. Symptomatisch für uns alle?

Unzählige Klimakonferenzen fanden inzwischen statt, umfangreiche Weltklimaberichte wurden verfasst, aber außer ernsten Sonntagsreden passierte nicht allzu viel. Der weltweite Ausstoß des Klimagifts Kohlendioxid und anderer klimaschädlicher Stoffe steigt und steigt. Weltweit waren es im Jahr 2023 noch nie so viel wie bisher, 1,3 % mehr als im Vorjahr.

Der entscheidende Weckruf für unsere Gesellschaft, aber auch für viele von uns, waren die beiden Jahre 2018 und 2019. Ein Hitzerekord nach dem anderen wurde gebrochen. Am 25. Juli 2019 wurde in Duisburg-Baerl und Tönisvorst in Nordrhein-Westfalen mit 41,2 °C ein neuer Hitzerekord für Deutschland aufgestellt (Quelle: DWD). Das Jahr 2018 wurde mit einem Temperaturdurchschnitt von 10,5°C zum bis dahin wärmsten Jahr in Deutschland. Flüsse und Seen trockneten aus, Wasser wurde zu einem knappen und kostbaren Gut. Es war deshalb kein Wunder, dass auch der Wald davon gezeichnet war – und zwar dramatisch. Fast 300.000 Hektar Wald, eine Fläche größer als das Saarland, starben durch Borkenkäfer und Trockenheit ab. Inzwischen ist nach Schätzungen des Thünen-Instituts die Schadensfläche auf knapp 500.000 Hektar (Stand März 2023) angestiegen. Ob im Harz, Thüringer Wald oder Frankenwald, flächenweise starben die Bäume ab. Besonders betroffen waren Fichten und Kiefern. Aber, zum Entsetzen von Förstern und Waldbesitzern, vertrockneten auch Buchen und andere Laubhölzer. Baumarten, auf die man für einen zukunftsfähigen Mischwald bisher setzte.

Abgestorbene Fichten im Harz

Foto: Walter Schubach

In den Jahren 2018 bis 2022 fielen lt. Thünen-Institut deutschlandweit etwa 255 Millionen Festmeter Schadholz an, 91 % davon waren Nadelhölzer, insbesondere die Fichte. Offensichtlich hat die Fichte die größten Schwierigkeiten mit der Klimaerwärmung.

ABGESTORBENE FICHTEN IM HARZ

Da nach der extremen Trockenheit in den Jahren 2018 und 2019 gewaltige Holzmassen anfielen, brach der Holzmarkt vollkommen zusammen, die Holzpreise verfielen. Sägewerke verweigerten wegen überquellender Lager die Annahme von Schadhölzern. Forstliche Unternehmer, die die Aufarbeitung von Käferhölzern übernehmen sollten, waren nicht mehr zu finden. Angesichts dieser desaströsen Situation gaben viele Waldbesitzer den Kampf gegen den Borkenkäfer auf und resignierten.

In den Medien wurde jetzt nahezu tagtäglich über den Klimawandel und das „Waldsterben 2.0" berichtet. Auch die Politik reagierte. Zum ersten Mal in der Geschichte Deutschlands fand im September 2019 ein Nationaler Waldgipfel statt. Allen Beteiligten war klar, dass die traditionelle Forstwirtschaft, wie wir sie bis dahin kannten, an einem Wendepunkt war.

„Der Wald, bisher als langfristiger Kohlenstoffspeicher und Klimaretter gefeiert, war zum Patienten geworden."

Trockenschäden an Kiefern

Foto: Walter Schubach

EXTREME WETTER-EREIGNISSE AM LAUFENDEN BAND

Auch in den Folgejahren spielte die weltweite Witterung verrückt. Im Herbst 2019 bis zum Frühjahr 2020 brannte Australien: 126.000 Quadratkilometer, rd. 20 % der australischen Waldfläche, verbrannten. Eine Fläche, fast zweimal so groß wie Bayern.

2021 mussten wir lernen, was Starkregen bedeutet. Im Einzugsbereich der Flüsse Ahr und Eft in Rheinland-Pfalz und Nordrheinwestfalen kam es infolge von Sturzfluten und Überschwemmungen zu katastrophalen Schäden und Verlusten mit über 180 Todesopfern in Deutschland, die meisten im Ahrtal. Insgesamt entstanden versicherte Sachschäden an Wohngebäuden, Hausrat und Betrieben in Höhe von 8,1 Milliarden Euro – der bislang höchste Schadensaufwand in der Sachversicherung von Elementarschäden.

Die Wahrscheinlichkeit, dass es zu solchen extremen Regenfällen kommt, hat sich durch den bisherigen Klimawandel bereits um das bis zu Neunfache erhöht.

Keine Entspannung trat im Jahr 2022 ein, im Gegenteil, die Lage verschärfte sich. Europa trocknete aus, die Flüsse versiegten, Frankreich erlebte die größte Dürre seit 500 Jahren. Atomkraftwerke, von manchen als klimaneutrale Energieerzeuger angesehen, mussten wegen fehlendem Kühlwasser außer Betrieb genommen werden. Und natürlich, die Wälder brannten. In Portugal, Spanien, Italien, Russland, aber auch in Deutschland wütete das Feuer, nicht selten durch Brandstiftung verursacht.

Wie es aussieht, scheint die Welt aus dem Krisenmodus nicht mehr herauszukommen. 2023 brannten nicht nur wieder die Wälder wie in Kanada und im Mittelmeerraum, im Amazonasgebiet herrschte aufgrund der Trockenheit der Ausnahmezustand. In vielen Zuflüssen des Amazonas sank

der Wasserstand auf Rekordtiefen, der Schiffsverkehr musste eingestellt werden. Für mehr als 600.000 Menschen fehlte es an Trinkwasser. Ohne Wasser kann auch der Regenwald nicht überleben, er droht zur Savanne zu werden – mit katastrophalen Folgen für das Weltklima. Im Regenwald sind ca. 150–200 Milliarden Tonnen Kohlenstoff gespeichert. Sie würden zu einem erheblichen Teil frei, wenn der Regenwald zur Savanne werden würde. Ein bedrohliches Szenario.

Die besondere Empfindlichkeit und Gefährdung des „Ökosystems Alpen" durch die Klimaerwärmung verdeutlichte ein Bergsturz in der Silvrettagruppe. Aufgrund des aufgetauten Permafrostbodens stürzten rd. eine Million Kubikmeter Gesteinsmassen ins Tal. Seither ist der Südgipfel des Fluchthorns etwa 20 m niedriger.

2024 ging es genauso weiter, ein Wetterextrem nach dem anderem folgte: Rekordhitze in Brasilien, ein Sturm, der die Bewohnbarkeit von Florida infrage stellte und ein Starkregen von historischem Ausmaß in der Region Valencia mit mehr als 200 Toten.

Der Klimawandel ist mit Macht in unserem allgemeinen Bewusstsein angekommen. Hat der Wald bei uns überhaupt noch eine Zukunft? Droht eine Versteppung der Landschaft? Um diese Fragen zu beantworten, werfen wir einen Blick auf die Wissenschaft, was sagt sie, wie es mit dem Klima weitergeht.

Abgestorbene und geschädigte Buchen im Nationalpark Hainich in Thüringen Foto: Walter Schubach

Abgestorbene Fichten im Harz

KLIMA – WO GEHT DIE REISE HIN?

Es gibt keinen Zweifel mehr, da ist sich die Wissenschaft einig: Die Menschheit heizt den Planeten auf. Aktuell liegt die globale Durchschnittstemperatur um 1,1 °C über dem Niveau am Ende des 19. Jahrhunderts. In Deutschland ist sie sogar um 1,7 °C gestiegen. Dieser höhere Anstieg verwundert nicht, Landflächen erwärmen sich schneller als das Meer. Das Tempo der Erwärmung hat besorgniserregend zugenommen. Im Zeitraum 1881 bis 2022 wurde es jedes Jahrzehnt in Deutschland um 0,12 °C wärmer, ab 1971 liegt die Erwärmungsrate mit 0,38 °C pro Dekade mehr als dreimal so hoch!

Abweichung der globalen Lufttemperatur vom Durchschnitt der Jahre 1850 bis 1900. Die Nulllinie entspricht dem globalen Temperaturdurchschnitt der Jahre 1850 bis 1900 (Angabe in °C).

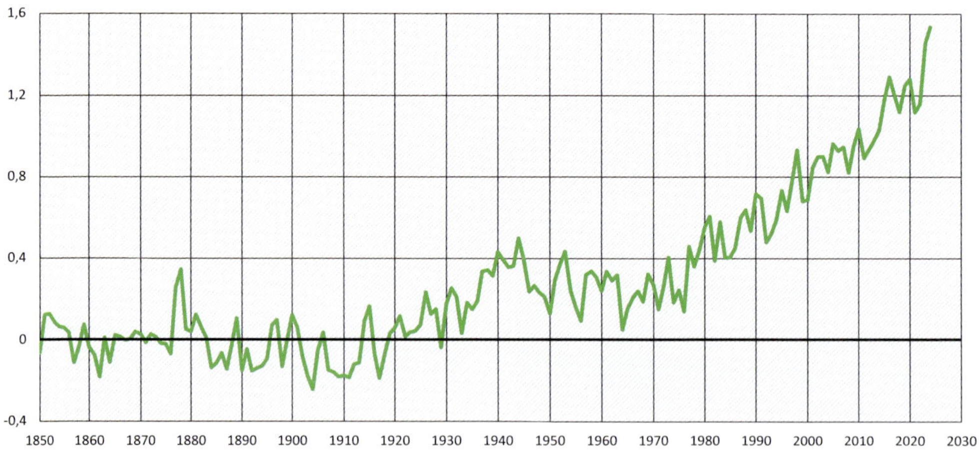

Quelle: Met Office Hadley Centre

Wie es aussieht, wir eilen von Rekord zu Rekord. Neun der zehn wärmsten Jahre in Deutschland lagen im 21. Jahrhundert. Eine Jahresdurchschnittstemperatur größer 10 °C gab es in Deutschland vor 2014 noch nie.

Die zehn wärmsten Jahre in Deutschland bezogen auf die Jahresdurchschnittstemperatur

Jahr	°C	Jahr	°C
2023	10,6	2019	10,2
2022	10,5	2007	9,9
2018	10,5	2000	9,9
2020	10,4	2015	9,9
2014	10,3	1994	9,7

Quelle: DWD

Im Gegensatz zur Temperatur halten sich die Änderungen der Gesamtmengen des Niederschlags im Durchschnitt von Deutschland in Grenzen, allerdings mit großen regionalen und zeitlichen Unterschieden. Im Durchschnitt hat der Gesamtniederschlag um 7,3 % zugenommen, was im Wesentlichen durch höhere Winterniederschläge bedingt ist. Starkniederschläge wie im Ahrtal, in Italien oder Spanien treten dagegen vermehrt auf.

Zunahme von Überflutungen durch Starkregenereignisse

Foto: Wes Warren/Unsplash

In allen Regionen der Welt haben sich die Wetter- und Klimaextreme signifikant verstärkt. Wir können es drehen und wenden wie wir wollen, schon jetzt spüren, fühlen und erleben wir den Klimawandel.

AUSBLICK

Bei allen möglichen Emissionsszenarien, ob mit oder ohne Klimaschutzmaßnahmen, wird die globale Durchschnittstemperatur mit all ihren Folgen bis mindestens Mitte des Jahrhunderts weiter ansteigen. Wie viel sie steigen wird, liegt in unserer Hand.

Änderung der globalen Mitteltemperatur bis 2100 nach RCP – Szenarien im Vergleich zum Mittel 1995–2014: RCP 8,5 (lila), RCP 4,5 (blau), RCP 2,6 (grün)

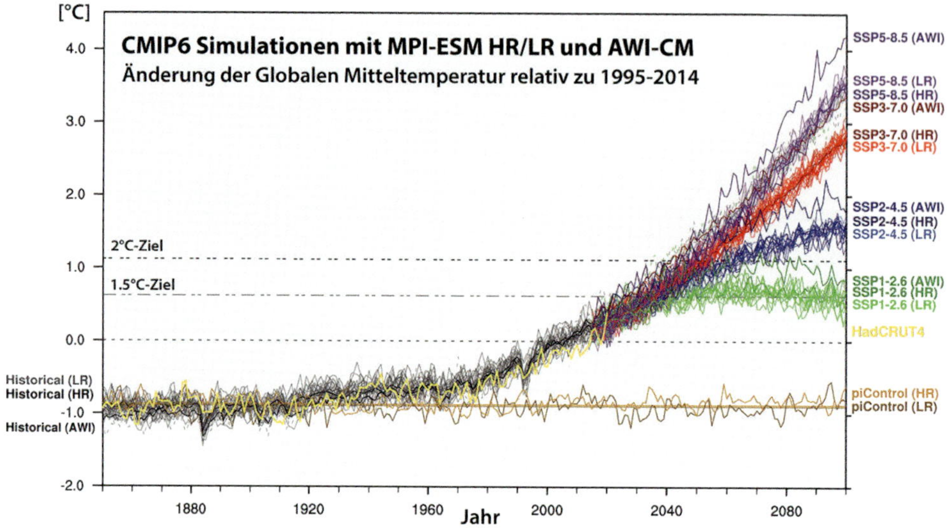

Grafik: Michael Böttinger, Deutsches Klimarechenzentrum

Machen wir weiter wie bisher (RCP 8,5), wird die globale Durchschnittstemperatur bis zum Ende des 21. Jahrhunderts gar auf 3 bis 4,7 °C steigen. Im Pariser Klimaschutzabkommen ist das berühmte Zwei-Grad-Ziel vereinbart (RCP 2,6 Szenario). Dies würde bedeuten, dass die Weltgemeinschaft einen aktiven Klimaschutz betreibt. Der Einsatz erneuerbarer Energien besitzt gesellschaftlich einen hohen Wert und wird entsprechend gefördert. Die Treibhausgasemissionen werden bis 2030 massiv reduziert. Ist das eine realistische Annahme? Das zeigt sich in der Entwicklung der Treibhausgase.

Klimaschutz durch erneuerbare Energien Foto: Jonas Edegger

Globale Treibhausgasemissionen nach Sektoren 1970–2023 (in Gigatonnen Kohlendioxid-Äquivalent – $GtCO_2eq$): gelb – Energiewirtschaft, braun – Industrie, hellgrün – Gebäude, blau – Verkehr, lila – Brennstoffe, dunkelgrün – Landwirtschaft, schwarz – Abfall

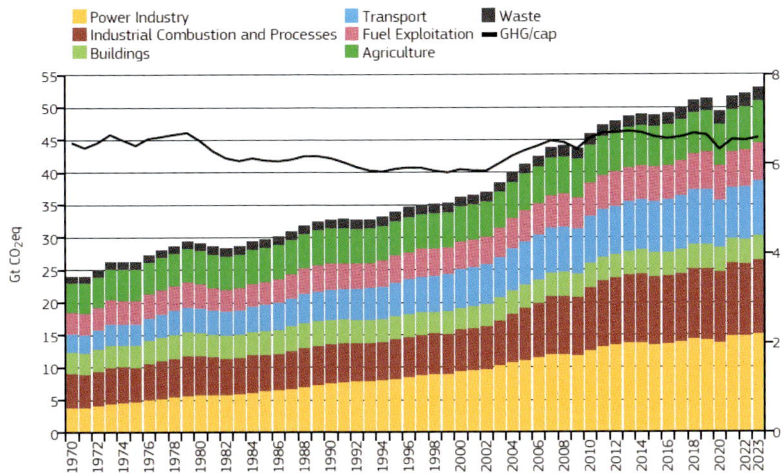

Quelle: IRC 24

Der weltweite Ausstoß von Treibhausgasen steigt und steigt, von Jahr zu Jahr. 2023 wurde ein neuer Höchststand erreicht, 1,3 % mehr als im Vorjahr.

Im Interesse unserer Kinder und Enkel sind wir aufgerufen, die Emissionen von Kohlendioxid und anderen Treibhausgasen drastisch zu reduzieren.

Wie schon in den Vorjahren entstanden die meisten Emissionen mit einem Anteil von 26 % im Energiesektor, etwa bei der Stromerzeugung, gefolgt vom Bereich Transport mit 15 % sowie Landwirtschaft und Industrie mit einem Anteil von jeweils 11 %.

Mit zunehmender Erwärmung steigt die Wahrscheinlichkeit von extremen Dürreperioden, Hitze- und Starkregenereignissen stark an. Während Hitzeereignisse im 19. Jahrhundert nur alle 50 Jahre vorkamen, so zeigen sich diese momentan im Schnitt alle zehn Jahre. Bei einer Erwärmung um 1,5 °C gäbe es solche Ereignisse durchschnittlich alle sechs Jahre, bei 2 °C alle vier Jahre und bei 4 °C praktisch jedes Jahr. Machen wir so weiter wie bisher, können ganze Regionen unbewohnbar zu werden, Ernten werden zerstört und Hungerkrisen verschärfen sich. Der Meeresspiegel steigt an, was Küstenregionen und kleine Inselstaaten bedroht.

Bei der letzten Weltklimakonferenz bezeichnete der UN-Präsident Antonio Guterres deshalb die Situation der Menschheit als „Highway to Climate Hell".

Angesichts der düsteren Szenarien und des quälend langsamen Fortschritts im Umstieg auf erneuerbare Energien besteht die Gefahr, die Hoffnung zu verlieren. Es gibt aber auch Anlass zur Hoffnung: Bei der Weltklimakonferenz 2023 in Dubai wurden wichtige Beschlüsse für den Klimaschutz gefasst. Der Abschied von Öl, Kohle und Gas ist eingeläutet. Die erneuerbaren Energien sollen verdreifacht werden. Ebenso sind sich die Staaten einig, dass die Emissionen schnell, tiefgreifend und nachhaltig sinken müssen. In China, weltweit der größte Emittent von Kohlendioxid, sind inzwischen die Zulassungszahlen von E-Autos höher als die von Verbrennern.

Die komplexe Situation des Klimawandels und unseren Umgang damit fasste der Klimaforscher Anthony Leiserowitz in fünf bemerkenswert kurzen Sätzen zusammen: „It`s real. It`s us. Experts agree. It`s bad. There`s hope."
Es ist wahr. Wir sind verantwortlich. Die Fachleute sind sich einig. Es ist schlimm. Es gibt Hoffnung. Die Hoffnung besteht darin, dass wir jetzt reagieren können. Schauen wir nicht auf andere, handeln wir dort, wo wir etwas bewirken können. Beginnen wir in dem Wald, für den wir Verantwortung tragen, jetzt – soweit noch nicht geschehen – mit seiner klimastabilen Gestaltung.

Wir machen uns auf den Weg. Foto: Lucie Hošová/Unsplash.com

UNSER WALD – GESTERN, HEUTE UND MORGEN

Seit Alexander von Humboldt, dem großen Universalgelehrten, wissen wir, dass Klimazonen die herrschende Vegetation bedingen. Ändert sich das Klima, ändert sich die Vegetation. Erlebbar wird dies, wenn man zum Beispiel den Monte Mottarone, den Hausberg der Mailänder am Lago Maggiore, hinaufwandert. Mit zunehmender Höhe werden dort mediterrane Eichen- und Edelkastanienwälder durch die uns bekannten Buchenwälder abgelöst. Erst kurz vor dem kühlen Gipfel stellt sich die Fichte ein. Eine Veränderung des Klimas bedingt offensichtlich eine Veränderung des Waldes.

Fast zwangsläufig fragen wir uns deshalb, wie sich der Wald bei uns im Zuge des Klimawandels verändern wird. Hat er überhaupt eine Chance oder droht eine Versteppung der Landschaft?

Um verstehen zu können, warum unser Wald ist wie er ist, welche dramatischen Veränderungen er bereits erlebt hat, ist es sinnvoll, einen Blick zurück in die Geschichte des Waldes zu werfen. Wir bekommen einen Eindruck davon, wie er sich im Laufe der Jahrhunderte und Jahrtausende durch Klima und den stetig ansteigenden Einfluss des Menschen laufend verändert hat. Nahezu immer war er in Bewegung und Veränderung.

EINE KLEINE GESCHICHTE DES WALDES

Als das Tertiär, ein Erdzeitalter, das immerhin sechzig Millionen Jahre gedauert hat, zu Ende ging, bedeckten große Wälder unsere heutige Umgebung. Sie waren aus vielfältigen Baumarten aufgebaut, heute vergleichbar mit den Wäldern im Norden Amerikas und Ostasiens. Dann wurde es kalt, die Eiszeiten kamen. Vier-, wahrscheinlich sogar sechsmal, drangen große Eismassen in unser Gebiet vor. Der Wald konnte nicht weiter existieren und große Tundrenlandschaften entstanden. Mit der Klimaverschiebung verlagerten die Baumarten ihr Areal, sie „wanderten“ nach Süden. Sichere südliche Gefilde erreichten jedoch nur wenige. Für viele Baumarten waren die von Ost nach West verlaufenden Gebirgszüge der Alpen und Karparten unüberwindliche Hindernisse, sie starben aus. Unter anderem wurde die Douglasie Opfer dieser Abkühlung. Bei der zum Teil sehr emotionalen Diskussion, inwieweit wir sie bei uns anbauen können, sollte man diesen Gesichtspunkt nicht außer Acht lassen.

Die Buche war einst die führende Baumart.

Am Ende der letzten Eiszeit, etwa zehntausend Jahre vor Christus, verbesserten sich die klimatischen Verhältnisse. Unser Gebiet wurde wieder für Baumarten bewohnbar. Erst kamen die Kiefern und Birken, dann Eichen, Ulmen, Eschen und die Fichte. Schließlich vor rund 4.000 Jahren folgten die Buche und die Tanne. Ohne des Wirkens des Menschen würden in Deutschland auf großer Fläche Buchen- und Buchenmischwälder vorherrschen, nur örtlich angereichert mit Eiche, Kiefer oder Tanne. Abgesehen von den Hochlagen der Mittelgebirge und der Alpen hätte die Fichte nur geringe Mischungsanteile.

Eine Alteiche im Ludwigshain. Die Buchennaturverjüngung verdrängt die Eichen. Fotos: Walter Schubach

Ohne die jahrhundertelange Förderung der Eiche durch den Menschen, begehrt wegen der Eicheln für die

Schweinemast, wäre auch sie nur mit geringen Anteilen am Aufbau der Wälder beteiligt. Zu gering ist ihre Konkurrenzkraft gegenüber der Buche. Eindrucksvoll kann man dies im ältesten Naturschutzgebiet Bayerns, dem Ludwigshain bei Kelheim, beobachten. Zum Schutz der altehrwürdigen Eichen wurde der Waldbestand vor rund 100 Jahren aus der Nutzung genommen. Seither nimmt der Eichenanteil ab. Die alten Eichen brechen aufgrund ihres hohen Alters nach und nach zusammen. Jungeichen wachsen kaum nach, während sich die Buche sehr gut verjüngt und

An die Stelle eines geschundenen und armseligen, aber recht naturnahen Waldes, trat mehr und mehr der gepflegte Nadelforst.

Im Laufe der Jahrhunderte hat der Mensch den Wald zurückgedrängt und seine Baumartenzusammensetzung wesentlich verändert. Noch bis Ende des 18. Jahrhunderts dominierte das Laubholz, der Wald als Nahrungsquelle für Schweine, Rinder und Schafe war wichtiger als das Holz. Der Wald wurde nicht nach seinem Holzvorrat bewertet, sondern nach der Zahl der Schweine, die in ihm eingetrieben werden konnten. Laubhölzer wie die Eiche wurden gezielt gefördert. Erst mit der durch veränderte Anbaumethoden in der Landwirtschaft möglichen Sommerstallhaltung des Viehs verlor der Wald als Weidegrund und damit das Laubholz wie Buche und Eiche an Bedeutung. Gleiches galt für den Wald als Energielieferanten. Wurden um 1800 noch nahezu 90 % allen Holzes verbrannt, war es um 1900 nur noch die Hälfte. Laubhölzer wurden zunehmend ökonomisch uninteressant. Großflächig begann man, die zum Teil heruntergewirtschafteten und verlichteten Laubwälder konsequent in vermeintlich leistungsfähige Nadelholzbestände aus Fichte und Kiefer umzubauen.

Ein Fichtenbestand am Hirschenstein im Vorderen Bayerischen Wald. Noch bis in die 1960er Jahre stand hier ein Buchenaltbestand.

Foto: Walter Schubach

Gegen diese einseitige Form der Bevorzugung des Nadelholzes regte sich in Teilen der Forstpartie schon früh der Widerstand. Karl Gayer, von 1878 bis 1892 Waldbauprofessor in München, entwarf das Leitbild des gemischten Waldes. Seine Lehre, praktisch ein Konzept einer naturgerechten Forstwirtschaft, fand viele Verfechter und Vertreter. Aber, aus heutiger Sicht, entstand zwischen Wollen und Wirklichkeit eine beträchtliche Diskrepanz. Der Wald wurde hineingerissen in die Strudel des Ersten und Zeiten Weltkrieges. Abgeschnitten von Importen musste der Wald den gesamten Kriegs- und Nachkriegsbedarf an Holz decken. Das bedeutete den Abbau der angesparten Holzvorräte. Das benötigte Holz war zu liefern und man landete oft wieder beim Kahlschlag.

Naturnah bewirtschafteter Wald aus Tanne, Buche und Fichte
Foto: Walter Schubach

1948 versuchten die Förster Bilanz zu ziehen. Auf durchschnittlich 100 Kubikmeter je Hektar, etwa die Hälfte des normalen, schätzten sie den verbliebenen Holzvorrat. Man stand vor riesigen Kahlflächen, verlichteten Althölzern und übermäßig durchforsteten Baumhölzern. Oft blieb nichts anderes übrig, als diese mit Nadelholz anstatt mit Mischwald aufzuforsten.

Inzwischen, nach einer wechselvollen Geschichte, haben sich alle Landesforstverwaltungen und viele Privatwaldbetriebe einem naturnahen Waldbau verschrieben. Aber auch unabsichtlich verwandelten sich Laubwälder in Nadelholzwälder, wie uns die Geschichte des Ebersberger Forstes zeigt. Bis ins Mittelalter war dies ein Laubwaldgebiet aus Buchen, Eichen, Linden und Fichten. Große Schweineherden und tausende von Rindern wurden im Wald gehalten, die von den Früchten der Laubbäume lebten. Als die Stallfütterung der Haustiere im Laufe des 18. Jahrhunderts aufkam, begann die Streunutzung im Wald: Die Laub- und Humusauflage wurde dazu vom Waldboden abgekratzt und im Stall als Einstreu verwendet. Eine schnelle Verarmung und Verdichtung des Bodens waren die Folge, Jungpflanzen von Buche und Eiche entwickelten sich nicht mehr. Im Gegensatz hierzu wurde die Fichtenverjüngung nicht behindert. Ebenso war der Verbiss durch Weide- und Wildtiere an jungen Fichten wesentlich geringer als an den Laubbäumen. Im Laufe eines Jahrhunderts verwandelte sich der Ebersberger Forst – ohne dass gepflanzt oder gesät wurde – in einen fast reinen Fichtenwald.

Auch der Frankenwald ist ein Beispiel dafür, wie sich durch die Nutzung des Menschen ein Wald im Laufe der Geschichte dramatisch verändert hat. Exemplarisch zeigt er, wieweit Anspruch, Wollen und Ergebnis auseinanderliegen können.

In welche Waldregion wir auch schauen, der Mensch hat auf unterschiedliche Art und Weise entscheidend auf die Struktur des Waldes Einfluss genommen.

Fährt man heute durch den Frankenwald, sieht man nahezu nichts anderes als monotone Fichtenwälder. Dies war jedoch nicht immer so. Bis ins frühe Mittelalter war er ein ausgedehnter, geschlossener Urwald, der sogenannte „Nortwald". Er bestand aus großflächigen Tannen-Buchen-Wäldern, nur örtlich angereichert mit Fichte. In den höchsten, den ganz rauen Lagen, kam ein Bergreitgras-Fichtenwald vor.

Bereits frühzeitig wurde auf den Frankenwaldbächen und -flüssen Holz geflößt. Die erste überlieferte Urkunde der Flößerei stammt aus dem Jahr 1386. Da sich Buchenholz nicht flößen lässt, drängte man bereits im 16. Jahrhundert die Buche in den Wäldern stark zurück. Kontinuierlich verlor sie an Mischungsanteilen zugunsten der Tanne.

Gegen Ende des 17. Jahrhunderts hatte die Tanne einen Anteil von 80 %, Fichte und Buche waren lediglich jeweils mit ca. 10 % beigemischt. Übernutzungen, der Tannenverjüngung zum Teil abträgliche Verjüngungsverfahren, Waldweide und zunehmender Wildverbiss läuteten jedoch allmählich den Siegeszug der Fichte ein. Tannenfreundliche Bewirtschaftungsgrundsätze, wie die von 1870, waren umsonst. War um 1830 die Tanne noch zu zwei Dritteln am Bestockungsaufbau beteiligt, betrug er im Jahre 1910 nur noch ein Drittel.

Das durch die gravierende Luftverschmutzung ausgelöste Absterben der Tanne zu Beginn des 20. Jahrhunderts dezimierte ihren Anteil noch weiter (die örtlichen Glashütten und Porzellanwerke feuerten mit schwefelhaltiger Braunkohle). Dieser liegt heute unter einem Prozent. Bei keiner anderen Baumart ist innerhalb so kurzer Zeit ein so dramatischer Rückgang zu verzeichnen.

UNSER WALD VON HEUTE: VOM KLIMARETTER ZUM PATIENTEN

„Klimaschützer fällt aus“, „Neue Bäume braucht das Land“, so oder ähnlich lauteten die Schlagzeilen, als am 08. Oktober 2024 die mit Spannung erwarteten Ergebnisse der 4. Bundeswaldinventur vorgestellt wurden. Und tatsächlich, die Ergebnisse waren dramatisch. Wahrscheinlich hat sich der deutsche Wald in seiner Geschichte noch nie so schnell innerhalb eines Jahrzehnts verändert wie heute.

Die Fichte, einstmals führende Baumart in Deutschland, ist durch Sturm, Trockenheit und Käferfraß auf den zweiten Platz zurückgefallen. 461.000 Hektar (= 17 % ihrer Fläche) hat sie binnen eines Jahrzehnts verloren. Fast jede sechste ältere Fichte ist verschwunden, regional mit erheblichen Unterschieden. In Nordrhein-Westfalen, einem der Hauptschadensgebiete, waren es 52 % des Fichtenvolumens, in Sachsenanhalt gar 74 %. Ein gewaltiger Aderlass.

Führende Baumart ist jetzt die Kiefer mit 22 %, gefolgt von der Fichte mit

Flächig abgestorbene Fichten im Harz

Foto: Walter Schubach

21 %. Buche und Eiche sind mit 17 % bzw. 12 % die mit Abstand wichtigsten Laubbaumarten. Die restlichen 28 % verteilen sich auf 47 weitere Baumarten. Zu nennen sind hier insbesondere Baumarten wie Tanne, Ahorn und Douglasie. Insgesamt hat die Fläche der Laubbäume um 7 % zugenommen und hat jetzt einen Anteil von insgesamt 48,3 %. Im Wesentlichen ist dies durch ein mehr an Buche (+ 7,8 %) und Eiche (+ 10,6 %) bedingt.

Die ehemals als robust und genügsam geltende Kiefer hat eine Fläche von 41.000 Hektar verloren. Nicht viel, aber doch spürbar.

Seit über 140 Jahren wird die Douglasie bei uns angebaut. Durch eine Zunahme ihrer Fläche von 47.000 Hektar beträgt ihr jetziger Anteil 2,4 %. Lange stand bei ihrem Anbau ihre außerordentliche Wuchskraft im Vordergrund. Zunehmend gelangen jedoch ihre vorzüglichen Holzeigenschaften, ihre hohe Kohlenstoffbindekapazität und ihre mögliche Widerstandsfähigkeit gegen die Folgen des Klimawandels (Klimaresilienz) in den Vordergrund der Überlegungen.

Baumartenanteile

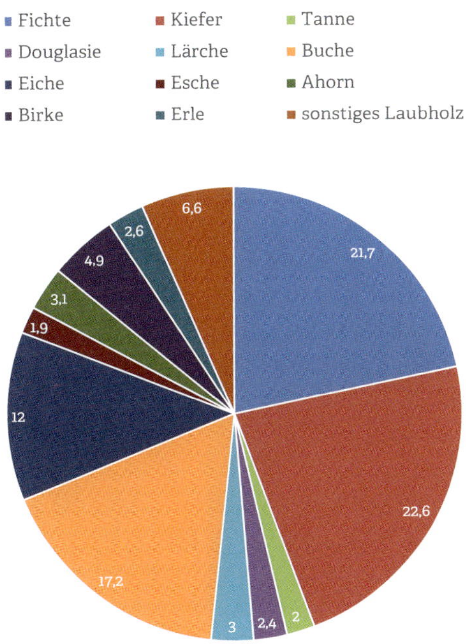

Quelle: Bundeswaldinventur 2024

Die Kiefer ist jetzt die führende Baumart in Deutschland.

Foto: Walter Schubach

Die Eiche, eine wichtige Baumart für einen klimastabilen Wald.

Von Eschentriebsterben befallene Eschen. Fotos: Walter Schubach

Die Tanne, überwiegend in Süddeutschland zu finden, hat ebenfalls mit einem Plus von 28.000 Hektar leicht zugenommen und hat jetzt eine Fläche von 211.000 Hektar. Als alternative Baumart zur Fichte wird ihr auf passendem Standort eine wichtige Rolle beigemessen. Erfreulicherweise ist der Anteil von Ahorn von 2,3 auf nun mehr 3,0 % gestiegen. Sorgen bereitet jedoch der aus Nordamerika eingeschleppte Erreger der Rußrindenkrankheit. In heißen Trockenjahren, wie die Jahre 2018/19 waren, führt dieser Schadpilz besonders in Bergahorn-Beständen zu Schäden mit hohen Absterberaten.

Als einzige Laubbaumart hat die Esche mit einem Minus von 51.000 Hektar, ein Fünftel ihres ehemaligen Vorkommens, massiv abgenommen. Ursache ist das sogenannte Eschentriebsterben, ein aus Ostasien stammender pilzlicher Erreger. Er befällt Eschen jeglichen Alters und stellt damit die Existenz der Esche in Frage.

Eine Antwort auf die Frage, ob die Entwicklung des Waldes zu einer höheren Klimastabilität geht, bekommen wir mit einem Blick auf die seit der letzten Bundeswaldinventur entstandenen Wälder (Jungbestockung ohne Schirm bis 4 m).

Baumartenanteile Jungbestockung ohne Schirm (bis 4 m)

Baumartenanteile	
Fichte	26
Tanne	3
Douglasie	6
Kiefer	9
Lärche	3
Buche	15
Eiche	8
Esche	1
Ahorn	4
Birke	9
Erle	2
s. Laubholz k	11
s. Laubholz l	3

Quelle: 4. Bundeswaldinventur

Der Laubholzanteil in den Jungbeständen hat im vergangenen Jahrzehnt weiter zugenommen und beträgt jetzt erfreuliche 53 %. Nicht befriedigend und zielführend ist jedoch insbesondere der hohe Fichtenanteil mit 26 %. Als von der Klimaerwärmung besonders bedrohte Baumart sollte ihr Anteil deutlich geringer sein. Ebenso sollte der Eichenanteil, momentan bei nur 8 %, kontinuierlich gesteigert werden. Ist doch die Eiche die Baumart mit der höchsten Wärme- und Trockentoleranz.

Nachdenklich stimmt auch die Entwicklung des Gesundheitszustandes der Bäume nach den Ergebnissen der Waldzustandserhebung im Jahr 2023.

Der Anteil an Laubhölzern im Wald ist sichtlich gestiegen. Foto: Walter Schubach

Entwicklung der Schadstufen seit 1984 – alle Baumarten

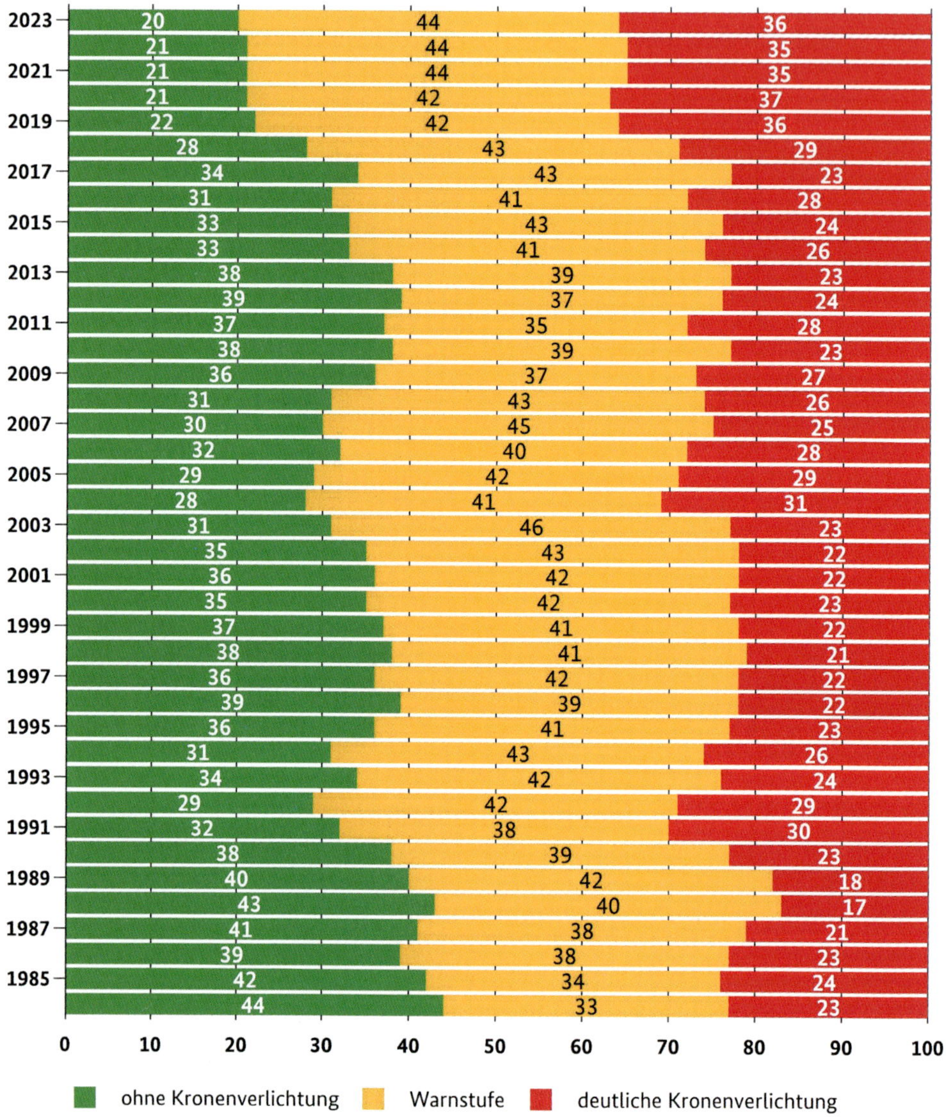

Quelle: BMLEH

Nur noch 20 % der untersuchten Bäume zeigen keine Kronenverlichtung. Durch Trockenheit und Dürre gezeichnet, zeigen 44 % eine geringe und 36 % sogar eine deutliche Verlichtung. Der Trend der Verschlechterung der Vitalitätswerte seit Beginn der Waldzustandserhebung im Jahr 1984 setzt sich somit fort.

Der Wald ist ein wichtiger Kohlenstoffspeicher.

Regional bestehen hinsichtlich der Vitalität erhebliche Unterschiede. Örtlich zeigt die Buche deutliche Schäden durch Trockenheit und hohe Temperaturen, die Eiche ist regional massiv vom Eichenprachtkäfer befallen. Selbst Eichen von vermeintlich guter Vitalität sterben ab und ganze Bestände sind in Struktur und Existenz als Eichenwald gefährdet. In dieser Situation besteht dringender Handlungsbedarf. Stark vom Eichenprachtkäfer befallene Eichen müssen auf jeden Fall entnommen werden.

Notwendige Pflegeeingriffe zur Mischungsregulierung und Stabilisierung der Bestände sind augenscheinlich unterblieben. Ein bedenklicher Befund.

1.184 Millionen Tonnen Kohlenstoff, also 108 Tonnen pro Hektar, sind derzeit in den lebenden Bäumen gespeichert. Durch die Kalamitäten wie Sturm, Trockenheit und Käferfraß hat die Speicherfähigkeit des Waldes jedoch gelitten. Um 41,5 Millionen Tonnen hat der Kohlenstoffvorrat im Vergleich zur Kohlenstoffinventur 2017 abgenommen. Der Wald ist, anders als erhofft, wenn man seine Vorratsentwicklung betrachtet, zu einer Kohlenstoffquelle geworden. Der Wald als „Klimahelfer" droht auszufallen. Ohne Zweifel sollten wir daher unsere Anstrengungen zur klimastabileren Gestaltung unseres Waldes intensivieren, insbesondere im Privatwald. So hat sich bei der Inventur gezeigt, dass auf 43 % der Holzbodenfläche keinerlei Eingriffe während der letzten zehn Jahre stattgefunden haben.

Trotz aller der zum Teil auch berechtigten Kritik an der sogenannten konventionellen Forstwirtschaft, werden unsere Wälder spürbar naturnäher und ökologisch wertvoller. So ist der junge Wald, der Altbestand von morgen, messbar naturnäher geworden. Der Anteil der sehr naturnahen und naturnahen Baumartenzusammensetzung beträgt hier rund 50 %. Ebenso hat die Strukturvielfalt, u. a. wichtig für die Biodiversität, weiter zugenommen. 79 % der Fläche sind inzwischen Mischwald. Bemerkenswerte 77 % der Wälder sind zwei- oder gar mehrschichtig aufgebaut.

Oben: Reich gemischter Privatwald im Vorderen Bayerischen Wald

Links: Strukturreicher, ökologisch wertvoller Mischbestand

Unten: Totholz, wichtige Quelle für die ökologische Vielfalt

Fotos: Walter Schubach

Langsam verrottende Fichte

Auch Baumstümpfe können ökologisch wertvoll sein. Fotos: Walter Schubach

Ein wichtiger Indikator für die ökologische Reife des Waldes ist sein Alter. Trotz des Abgangs vieler älterer Fichten hat sich das Durchschnittsalter der Bäume um stattliche fünf Jahre auf jetzt 82 Jahre erhöht. Insbesondere Buche, Eiche und Tanne sind merklich dicker geworden (50 cm +).

Totholz steht beispielhaft für den Kreislauf der Natur. Durch die Zersetzung von Holz werden Humus und Nährstoffe für neues Leben bereitgestellt. Es ist eine unschätzbare Nahrungsquelle und Lebensraum für zahlreiche Pilz-, Insekten und weitere Tierarten. Als wichtiger ökologischer Parameter spielt die Erfassung von Totholz deshalb eine besondere Rolle. In den deutschen Wäldern ist insgesamt ein Totholzvorrat von 323 Millionen Kubikmetern gegeben. Dies entspricht durchschnittlich 29,4 Kubikmeter pro Hektar, 9,5 Kubikmeter mehr als bei der letzten Inventur 2012. Dies ist zum einen eine Folge der durch Hitze und Trockenheit bedingten Kalamitäten, zum anderen auch ein Ergebnis der naturnahen Bewirtschaftung der Wälder. Staatliche Förderprogramme zum Erhalt von Totholz zahlen sich sichtbar aus.

Zusammenfassend kann man zum Zustand des Waldes feststellen:

- Der Wald verändert sich in einem seit Menschengedenken noch nie dagewesenem Tempo. Sturm, Hitze, Dürre und Käferfraß haben ihm merklich zugesetzt, insbesondere der Fichte.
- Kontinuierlich wird der Wald reicher an Laubbäumen, älter und naturnäher.

- Auf nahezu der Hälfte des Waldes haben seit über einem Jahrzehnt keinerlei Eingriffe stattgefunden. Notwendige Maßnahmen zur Pflege und Einleitung der Verjüngung haben nicht stattgefunden. Ein im Hinblick zur klimastabilen Gestaltung des Waldes problematischer Befund.

Weitere Daten und Fakten zum deutschen Wald

- 32 % von Deutschland sind bewaldet.
- Fast die Hälfte des Waldes (48 %) ist im Eigentum von ca. 1,8 Millionen Privatwaldbesitzern. Knapp die Hälfte der Eigentümer haben weniger als 20 Hektar. Weitere Eigentümer sind Körperschaften (20 %), Bund (3 %) und die Länder (29 %).
- Vorrat: 3,7 Milliarden m^3 oder 335 m^3 je Hektar
- Zuwachs: 101,5 Millionen m^3 oder 9,4 m^3 je Hektar pro Jahr
- Im Vergleich zur Bundeswaldinventur 2012 ist somit der Zuwachs um 16 % zurückgegangen. Der deutliche Rückgang ist bedingt durch den Ausfall der zuwachsstarken Fichte und den Trockenjahren.
- Nutzung: 72,6 Millionen m^3 oder 6,7 m^3 je Hektar und Jahr
- Laubholz 47 % Nadelholz 53 %
- Totholz 29,4 m^3 je Hektar, fast die Hälfte mehr als vor zehn Jahren;
- Fichtenvorrat im Vergleich zur Kohlenstoffinventur 2017 um 220 Millionen m^3 zurückgegangen. Der Gesamtvorrat aller Bäume erreicht in etwa das Niveau von 2012.
- Der junge Wald (Jungbestockung ohne Schirm) entsteht zu 60 % aus Naturverjüngung, also ohne gesonderte Saat oder Pflanzung.

EIN BLICK IN DIE GLASKUGEL: UNSER WALD AM ENDE DES 21. JAHRHUNDERTS

Angesichts der vielerorts abgestorbenen Wälder fragt man sich: Droht durch den Klimawandel eine Versteppung von Deutschland, ist der Wald nicht hoffnungslos verloren?

Durch einen Blick in die Glaskugel bekommen wir keine Aussage über die Zukunft des Waldes, Wahrsagerei hilft uns nicht weiter. Halten wir uns bei der Suche nach einer Antwort lieber an die Wissenschaft.

Der Frage, wie unser Wald in Zukunft aussehen könnte, können wir uns mit Analogieschlüssen annähern. Das heißt, für einen bestimmten Standort bei uns suchen wir nach einem analogen Standort, an dem bereits schon heute das Klima gegeben ist, welches wir für unseren Standort in der Zukunft erwarten.

Ein Blick in eine Analog-Region ist wie ein Blick in die mögliche Zukunft unserer Wälder. Mit einer Reise in diese Regionen können wir praktisch eine Art Zeitreise machen.

Nehmen wir zum Beispiel den Landkreis Roth bei Nürnberg oder die Region um Basel. Für beide Gebiete wird nach den Berechnungen und Prognosen bei einem sogenannten harten Klimawandel (= Wir machen weiter wie bisher) gegen Ende des 21. Jahrhunderts eine Jahresdurchschnittstemperatur von knapp 14 °C und ein Jahresniederniederschlag von rd. 800 mm gegeben sein. Das sind Klimadaten, die wir momentan in der Provence in Südfrankreich haben. Diese Region ist geprägt von Weinanbau, Lavendelfeldern und mediterranen Baumarten. In unterschiedlichen Mischungen und Vergesellschaftungen finden wir dort Flaumeichen, Stein- und Traubeneichen, Feldahorn, Edelkastanie, Vogelkirsche, Sommerlinde, Elsbeere, Mehlbeere und so weiter. An Nadelhölzern sind u. a. Douglasie, Schwarzkiefer, Seekiefer und Atlaszeder gegeben. Die vorzufindenden Waldkiefern sind nahezu ausnahmslos durch das Diplodia-Triebsterben geschädigt.

Schwarzkiefern-Flaumeichenbestand

Foto: Allan Bußmann

Seestrandkiefer

Das sind Baumarten, die wir bereits kennen und die bei uns heimisch sind wie zum Beispiel die Vogelkirsche und die Sommerlinde, aber auch Baumarten, die bei uns noch weitgehend fremd sind.

Von Steineichen zu Tannen-Buchenwäldern

Um eine Vorstellung davon zu bekommen, wie sich die Baumartenzusammensetzung in der Provence mit zunehmender Meereshöhe verändert, besteigen wir den Mont Ventoux, einem legendären Gipfel bei der Tour de France. Mit zunehmender Höhe nehmen die Temperaturen ab und die Niederschläge steigen.

Atlaszeder

Fotos: Geiger

Die dortigen Wälder haben eine lange und intensive Nutzungsgeschichte hinter sich. Nach schweren Unwettern in den 1860er Jahren wurden große Flächen u. a. mit Flaumeiche, Steineiche und den eingeführten Baumarten Schwarzkiefer und Atlaszeder aufgeforstet. Inzwischen haben die Aufforstungen teilweise plenterartige Strukturen, zum Teil etablieren sich Baumarten des Naturwaldes wie zum Beispiel die Mehlbeere und die Buche.

Über Steineichenwälder in den tiefsten Lagen gelangen wir über die Flaumeichenwälder zu den Buchenwäldern ab ca. 1.000 m über dem Meeresspiegel, zum Teil gemischt mit Waldkiefer und in schattiger Lage angereichert mit Tanne.

Für die Zukunft unserer Wälder können wir aus der Reise in die Provence wichtige Rückschlüsse ziehen:

- Eine Versteppung unserer Landschaft droht nicht, der Begriff „Waldsterben 2.0" ist irreführend.
- Die Baumartenzusammensetzung unserer Wälder wird sich im Zuge des Klimawandels stark verändern.
- Baumarten können weit über ihr Optimum hinaus – wie uns das Beispiel der Buchen und Tannen eindrucksvoll zeigt, überleben.
- Der Zuwachs der Baumarten wird bei uns zurückgehen.
- Die Holzproduktion wird wahrscheinlich erheblich geschmälert werden, wenn man ausschließlich auf Baumarten des Naturwaldes setzt.

Unzweifelhaft ist jedoch, dass sich unser Wald in den kommenden Jahrzehnten erheblich verändern wird. Er wird anders sein als der Wald, wie wir ihn heute kennen.

Eine Prognose, wie unser Wald am Ende des 21. Jahrhunderts tatsächlich aussieht, ist nicht möglich. Die Faktoren, die hierfür eine maßgebliche Rolle spielen, sind zu vielfältig. Folgende Fragen bleiben dabei offen: Schaffen wir es, die Klimaerwärmung zu begrenzen? In welchem Umfang engagieren sich die Waldbesitzer bei einer klimastabilen Gestaltung des Waldes? Welche Baumarten werden gepflanzt?

Im Interesse unserer Kinder und Kindeskinder sind wir aufgerufen, die Veränderungsprozesse hin zu einem klimastabilen Wald aktiv jetzt zu gestalten. Wir haben es in der Hand, wir müssen es nur wollen und tun! Schauen wir deshalb darauf, wie unsere Baumarten Fichte, Tanne, Buche, Eiche usw. mit dem sich ändernden Klima zurechtkommen.

DIE ZUKUNFT UNSERER WALDBÄUME

Karl Valentin, dem berühmten bayerischen Komiker, wird das Zitat zugeschrieben: „Prognosen sind schwierig, besonders, wenn sie die Zukunft betreffen."

Karl Valentin hat ohne Zweifel recht. Wie oft haben wir selbst erlebt, dass etwas anders kam als vorausgesagt. Denken wir nur an Wahlen oder an Voraussagen zur Corona-Pandemie. Wir müssen deshalb mit Voraussagen zur Zukunft unserer Waldbäume vorsichtig sein, denn etliche Faktoren und Parameter und deren Auswirkungen kennen wir noch nicht. Aber bestimmte Auswirkungen der Erderwärmung auf unsere Waldbäume lassen sich aufgrund des bekannten Wissens und der gemachten Erfahrungen ableiten.

FICHTE: SAG ZUM ABSCHIED LEISE „SERVUS"

Keine Baumart wird so geliebt und gehasst wie die Fichte. Von Förstern und Waldbesitzern wegen ihrer beeindruckenden Wert- und Massenleistung geschätzt, steht sie bei Naturschützern für die Umwandlung von ökologisch wertvollen Laubwäldern in monotone Nadelholzforste.

Im Zuge der Hitze- und Trockenjahre 2018 und 2019 sind im Harz, Thüringer Wald, Frankenwald und in vielen anderen Regionen Deutschlands Fichtenwälder großflächig durch Trockenheit und Borkenkäferbefall abgestorben. Innerhalb eines Jahrzehnts hat sie eine Fläche von 461.000 Hektar, 17 % ihrer Fläche, verloren. Allein in Nordrheinwestfalen entstand nach dem Waldzustandsbericht 2023 eine Nadelholzschadfläche von 142.000 Hektar. 15 % der Waldfläche wurde vernichtet. Die tieferen und damit etwas wärmeren Lagen sind inzwischen nahezu fichtenfrei. Insgesamt hat die Fichte 60 %

ihres Vorrats verloren. In kurzer Zeit ist ein erheblicher Anteil der älteren Fichtenbestände verschwunden. Eine dramatische Schadensbilanz.

So erschreckend das Ausmaß der Schäden auch ist, für Fachleute war es wenig überraschend, dass die Fichte die am stärksten betroffene Baumart ist. Für ein gutes Gedeihen braucht sie ein kühl-feuchtes Klima. Optimal ist für sie ein Temperaturbereich zwischen 5 und 7,5 °C.

In Europa weit über ihr natürliches Vorkommen angebaut, findet sie ihre Grenze bei einer Jahresdurchschnittstemperatur von ca. 10,5 °C und bei Niederschlägen unter ca. 500 mm. Bei Trockenheit verliert sie stark an Vitalität und wird anfällig für Borkenkäferbefall. Gleichzeitig gewinnt der Borkenkäfer durch die Erwärmung an Vitalität. Selbst in den Hochlagen der Bayerischen Alpen hat er inzwischen Fuß gefasst. Früher spielte er dort keine Rolle. Gleiches gilt für den Bayerischen Wald. Ab einer Höhenlage von ca.900 m über dem Meeresspiegel (Normalnull, NN) hatte er nach altem forstlichem Wissen keine Bedeutung.

Abgestorbene Fichten im Vorderen Bayerischen Wald Foto: Walter Schubach

Fichtennaturverjüngung: Ihre Zukunft ist ungewiss. Foto: Walter Schubach

Eine spannende Frage ist nun, wie geht es weiter mit der Fichte, dem bisherigen Brotbaum der deutschen Forstwirtschaft. Wo und in welchem Umfang können wir verantwortungsvoll noch mit ihr wirtschaften?

Betrachten wir es nüchtern und möglichst realistisch: Zurzeit haben wir in Deutschland eine Jahresdurchschnittstemperatur von 9,8 °C (2011–2022). Wir sind daher nicht mehr weit von den Temperaturverhältnissen entfernt, bei denen es der Fichte schlichtweg zu warm wird. So rechnet Köhl et al. (2017) damit, dass in Mitteleuropa, beginnend in den Tieflagen, der Eichenwald zunehmen wird. Dementsprechend wird der Buchenwald von den Tieflagen in die Mittelgebirge wandern. Dort werden sich die Fichtenwälder allmählich zurückziehen. Einen möglichen Rückzugsraum wird sie, so ist die Annahme, im Hochgebirge finden (Binder et al. 2017).

Wärmeliebende Eichenwälder scheiden für einen Fichtenanbau praktisch aus. Dies zeigen uns u. a. die Erfahrungen auf der warm-trockenen Fränkischen Platte. Schon in jungen

Jahren lösen sich dort Fichtenbestände auf. Wenn überhaupt, sollte man Fichte in solchen Lagen nur einzeln bis truppweise beimischen.

In den Mittelgebirgen, wie zum Beispiel dem Bayerischen Wald, ist in den höheren Lagen Fichte unter standörtlichen Gesichtspunkten sicher möglich. Aufgrund der jetzigen außergewöhnlichen Vitalität des Borkenkäfers sind führende Fichtenbestände jedoch auch hier inzwischen mit einem hohen Risiko behaftet und setzen eine konsequente und erfolgreiche Käferbekämpfung voraus. Im Nationalpark Bayerischer Wald können wir sehen, wie bis in die Hochlagen selbst natürliche Fichtenaltbestände durch Käferbefall innerhalb kurzer Zeit verschwanden.

Borkenkäfer sind zu einem wesentlichen, vielleicht zum entscheidenden Standortsfaktor für den Anbau der Fichte geworden. Durch nunmehr zwei bis drei Generationen im Jahr und einer verkürzten Entwicklungszeit hat er erheblich an Virulenz (Infektionskraft) gewonnen.

KIEFER: NOCH ROBUST UND HART?

Für viele Waldbesitzer und Förster, ja, auch für mich, galt die Waldkiefer als bemerkenswertes Beispiel für Robustheit, Zähigkeit und Genügsamkeit. Faszinierend war zu sehen, auf welch armen und trockenen Standorten sie noch wachsen und gedeihen konnte. Umso schockierender war die Tatsache, als im Nürnberger Reichswald und in anderen Kieferngebieten Deutschlands im Zuge der Trocken- und Hitzejahre 2018 und 2019 ein massenhaftes Kiefernsterben einsetzte. Offensichtlich ist sie nicht so hart im Nehmen wie viele von uns dachten.

Der Zusammenbruch vieler Kiefernwälder kam nicht unerwartet: Schon 2007 schrieben Walentowski et al.: „Die Kiefer ist ein Baum der kalt-trockenen Klimate und stellt nur geringe

Vitale Kiefern mit Buchennebenbestand Foto: Walter Schubach

Ansprüche an die Wasserspeicherfähigkeit der Böden. Daraus kann man jedoch auf keinen Fall auf eine geringere Anfälligkeit gegenüber den wärmeren und trockeneren Klimaten, wie sie uns der Klimawandel bescheren wird, schließen. Vielmehr zählt die Waldkiefer gemeinsam mit der Europäischen Lärche und Fichte zu den künftig anfälligen Baumarten Bayerns und Deutschlands."

Robust und hart, das war einmal.

Heute klingt dieses Zitat schon fast wie eine Prophezeiung über den nun offensichtlichen Niedergang der Waldkiefer. Dabei fußt diese Aussage rein auf nüchternen Beobachtungen, unter welchen klimatischen Bedingungen die Kiefernvorkommen in Europa an ihre Grenzen stoßen. Schon damals war bekannt, dass die Waldkiefer im Schweizer Wallis – am warm-trockenen Rand ihrer Verbreitung – in heißen und trockenen Sommern an Vitalität einbüßte und abstarb.

Wir müssen daher leider davon ausgehen, dass mit einer weiteren Klimaerwärmung die Probleme mit der Kiefer zunehmen werden.

BUCHE: SYMBOLBAUM FÜR EINEN MILDEN KLIMAWANDEL

Der Schock, das Erschrecken war groß, als im Zuge der Extremjahre 2018 und 2019 nicht mehr zu übersehende Schäden an der Rotbuche auftraten. Ob im Steigerwald oder im Hainichen Nationalpark, Buchen vertrockneten wie auch in vielen anderen Regionen Deutschlands. Für die Schweiz wurden die Schäden in einer Untersuchung quantifiziert: So stieg nach Sven Hopf (2023) der Anteil der stark geschädigten Buchen als Folge der Trockenjahre seit 2019 auf das Siebenfache gegenüber dem Zeitraum 1984–2018. Seit 2019 ist eine erhöhte Mortalität zu beobachten. Mit zunehmendem Bestandsalter steigen die Trockenschäden deutlich an. Ab einem Alter von etwa 80 Jahren vervierfacht sich das Risiko.

Für Förster, Waldbesitzer, ja für uns alle, stellt sich deshalb die dringliche Frage, ob und wie wir überhaupt noch beim Waldumbau auf die Buche setzen können. War sie doch bisher die Baumart, die in der Regel für die vom Klimawandel besonders betroffene Fichte gepflanzt wurde.

Betrachten wir ihr Verbreitungsgebiet. Wie keine andere Baumart ist sie eine pure Europäerin und hat ihr Kernland in Deutschland. Von Natur aus wäre sie in Mitteleuropa die häufigste Baumart. Günstig ist für

Buchenaltbestand Foto: Walter Schubach

sie ein ausgeglichenes humides Klima mit nicht zu hohen Sommertemperaturen. Ihre Grenze findet sie bei einer Jahresdurchschnittstemperatur von ca. 12,5 °C und bei Niederschlägen unter ca. 500–600 mm pro Jahr. Empfindlich ist sie gegenüber Dürre und Trockenheit. So wird es ihr im Osten schnell zu trocken, schon im westlichen Polen hat sie ihre östliche Verbreitungsgrenze erreicht. Im Süden und Südosten Europas ist es ihr in den tiefer gelegenen Regionen zu warm und zu trocken. Dort ist sie ausschließlich in den höheren Berglagen zu Hause.

Um abschätzen zu können, inwieweit die Buche mit der Klimaerwärmung zurechtkommen kann, wurden von Wissenschaftlern verschiedene Verbreitungsmodelle der Buche bei unterschiedlichen Klimaszenarien errechnet. Danach zeigt sich, dass die Buche mit einer milden Erwärmung fertig werden kann. Bei einem harten Klimawandel sind die Auswirkungen jedoch drastisch. Das Buchenoptimum verschiebt sich nach Skandinavien und ins Baltikum. In Deutschland würden nur die Hochlagen der Mittelgebirge sowie die Alpen den Ansprüchen der Buche noch genügen.

Bei einer wissenschaftlichen Buchentagung im Mai 2023 war man sich einig, dass die Rotbuche mit den vorhergesagten Klimabedingungen zurechtkommen werde, vorausgesetzt, das Klimaszenario RCP 8,5 (= harter Klimawandel; siehe Seite 18) würde nicht eintreten. Ebenfalls war man der Auffassung, dass eine gewisse evolutionäre Anpassung der Buche notwendig, aber auch möglich sei. Ein probates Mittel hierfür ist die Naturverjüngung.

Offensichtlich, auch die Buche ist im Klimawandel als eine vulnerable Baumart anzusehen. Es macht aber nach wie vor Sinn, dass sie auch künftig eine wichtige Rolle für den Waldauf- und -umbau spielen wird.

Insgesamt besteht kein Anlass, von der Buche Abschied zu nehmen. Es ist jedoch notwendig und sinnvoll, dass wir uns ihrer gezielt annehmen. Mit ihrer Verletzlichkeit ist sie ein Symbolbaum für den milden Klimawandel geworden. Wenn wir ihn schaffen, hat auch sie eine gute Zukunft.

Mit gezielten waldbaulichen Maßnahmen können wir die Buche beim Waldumbau wirksam unterstützen:

- Starke Durchforstung junger Bestände: Durchforstungen erhöhen die Erholungsfähigkeit und verbessern die Wasserverfügbarkeit für Einzelbäume.
- Erhalt des Kronenschlusses in Altbeständen, insbesondere nach Dürrejahren
- Förderung bzw. aktives Einbringen von Mischbaumarten in allen Entwicklungsphasen; Reine Buchenbestände sollten der Vergangenheit angehören.
- Gemischte Bestände sind deutlich widerstandsfähiger gegen Extremereignissen und Störungen. In Mischung zum Beispiel mit Eiche verringert sich der Trockenstress bei der Buche. Nach Störungen erholen sich Mischbestände erheblich besser.
- Gezieltes Arbeiten mit Naturverjüngung: Hinsichtlich der Dürreresistenz bestehen erhebliche genetische Unterschiede bei den einzelnen Individuen der Buche.
- Gezielte Förderung angepasster Genotypen
- Frühzeitige Vorausverjüngung der Buche und anderer Mischbaumarten

WEISSTANNE: VOM SORGENKIND ZUM HOFFNUNGSTRÄGER

Als Symbol für einen naturnahen Waldbau genießt die Tanne bei Waldbesitzern und Förstern seit jeher eine besondere Aufmerksamkeit. Es gibt keine Waldbauexkursion im Bayerischen Wald, bei der nicht stolz geglückte Tannenverjüngungen gezeigt werden. Eine breite gesellschaftliche Wahrnehmung erfuhr sie in den 1980er Jahren, als die Schäden an der Tanne selbst für ungeübte Augen nicht mehr zu übersehen waren. Zahlreiche Tannen starben, der Begriff „Tannensterben“ fand Eingang in die Titelseiten der Zeitungen. Ursächlich waren die seit dem Zweiten Weltkrieg massiv angestiegen Schwefelemissionen, auf die die Tanne besonders sensibel reagiert.

Dank des Einbaus von Entschwefelungsanlagen gingen die Schwefelemissionen massiv zurück. Die Tanne erholte sich seitdem sichtbar und ist jetzt gerade in Zeiten des Klimawandels eine ökonomische und vor allem ökologische interessante Alternative zur Fichte. Geschätzt wird, dass sie am natürlichen Aufbau der bayerischen Wälder einen Anteil von 8 bis

Die Waldhaustanne im Nationalpark Bayerischer Wald, die älteste und dickste Tanne Deutschlands

Erfreulicherweise steigt der Anteil der Tannenverjüngung.

Fotos: Walter Schubach

15 % hatte. Heute beträgt ihr Anteil lediglich noch 2 %.

Verglichen mit der Fichte ist die Tanne wesentlich toleranter gegenüber Trockenheit und Dürre. Eindrucksvoll wird dies durch Untersuchungen über das extreme Trockenjahr 2003 bestätigt. Der Zuwachsrückgang war bei der Tanne signifikant geringer als bei der Fichte, ebenso erholte sie sich schneller.

Diese wissenschaftlichen Ergebnisse decken sich mit den älteren Einschätzungen der forstlichen Praxis. 1922 schrieb Karl Rebel, Altmeister des bayerischen Waldbaus: „Auf den heißen Südhängen des Jura gut aushaltend und hauptständig werdend, hat die Tanne im Trockenjahr 1911 keine Abgänge gehabt, sehr im Gegensatz zur Fichte." Diese Aussage passt auch gut auf das Trockenjahr 2003. Selbst auf flachgründigen Südstandorten des Juras hat die Tanne die Dürre, ganz im Gegensatz zur Fichte, gut überstanden.

Zahlreiche Fichten starben, meist durch Borkenkäferbefall.

Dennoch, die Wärme- und Trockentoleranz der Weißtanne sollte nicht über Gebühr beansprucht werden. Sie ist eine Baumart, die in montanen und submontanen Regionen mit ausreichend Niederschlägen daheim ist. In kollinen Gebieten mit warmtrockenen Klimabedingungen stößt die Tanne jedoch an ihre Grenzen.

Grundsätzliche Voraussetzung für einen erfolgreichen naturnahen Waldbau mit der Tanne sind dem Wald angepasste Schalwildbestände. Der dramatische Rückgang der Tanne am Aufbau der Wälder ist vielerorts, wie Untersuchungen immer wieder zeigen, auf überhöhte Wildbestände zurückzuführen. Mit Beginn der Hege des Wildes begann der Rückgang der Tanne. Sie ist deshalb hauptsächlich in den Altbeständen beigemischt und fehlt insbesondere in den mittelalten Beständen.

STIEL- UND TRAUBENEICHE – DIE RETTER IN DER NOT?

Seit jeher gelten unsere einheimischen Eichen, Trauben- und Stieleiche, als Urbild und Symbol für Stärke, Kraft und Männlichkeit. Schon bei den alten Römern wurde an Bürger, die sich durch besondere Tapferkeit ausgezeichnet hatten, die „corona civica" (Bürgerkrone) verliehen.

Eichen kommen mit trockenen und extremen Standortverhältnissen deutlich besser zurecht als die Buche. Selbst im mediterranen Klima wie zum Beispiel in der Provence in Frankreich sind sie natürlich vertreten. Mit der Klimaerwärmung gewinnen sie daher deutlich an Be-

Eichenbestand auf einer ehemaligen Schadfläche Foto: Walter Schubach

deutung. Viele Waldbesitzer haben darauf schon reagiert und begründen insbesondere auf Schadflächen Eichenkulturen.

Auch wenn selbst in der forstlichen Welt meist nur von der Eiche gesprochen wird, wir sollten zwischen Stiel- und Traubeneiche unterscheiden. Zu unterschiedlich sind ihre standörtlichen Unterschiede. Die Traubeneiche verträgt sowohl große Wärme als auch länger anhaltende Hitzeperioden mit anhaltender Trockenheit. Zuviel Wasser im Boden (Grund- und Stauwasser) bereitet ihr Schwierigkeiten. Bezüglich des Nährstoffbedarfs sind Traubeneichen sehr anspruchslos. Zu erkennen sind Traubeneichen an ihren lang gestielten Blättern sowie an ihren kurz gestielten Früchten.

Charakteristisch für sie ist ihr hoher Lichtbedarf, insbesondere in der Jugend. Im Klimawandel mit der Zunahme von Witterungsextremen und einer zunehmenden Sommertrockenheit wird der Traubeneiche für die Zukunft eine große Bedeutung zugesprochen.

Die Stieleiche kommt hingegen besser mit standörtlichen Sondersituationen zurecht. Sie erträgt sowohl Grund- und Stauwasser als auch kurzzeitige Überflutung. Weder große Wärme noch Kälte bereiten ihr Probleme. Stieleichen erkennt man an ihren ungestielten Blättern und an ihren langgestielten Eicheln.

Alte Eichen sind ausgesprochene Zentren der Biodiversität. Viele Kleinsäuger, Vögel, Insekten und andere Wirbellose sowie Pilze, Flechten und Moose nutzen sie. In Mitteleuropa sind 300–500 Arten direkt oder indirekt auf die Eiche angewiesen. Rund 300 Insektenarten, dreimal mehr als bei der Buche, sind ausschließlich auf der Eiche zu finden.

Angesichts dieser positiven Eigenschaften der Eiche hinsichtlich der Erderwärmung besteht (leider) kein Anlass, in Euphorie auszubrechen. Seit Jahrhunderten wird Europa fast

Eine ca. 1.000-jährige Ivenacker Eiche Foto: Walter Schubach

periodisch von einem Eichensterben heimgesucht. Die Ursache für dieses Phänomen wird in einer Kombination mehrerer krankheitsfördernden Faktoren vermutet. Dazu zählen Klimaextreme (Winterfröste, Trockenheit), vorausgegangener Kahlfraß durch Insekten und Nährstoffungleichgewichte.

Zunehmend werden Eichen von verschiedenen Insektenfraßgemeinschaften (Eichenwickler, Schwammspinner, Eichenprozessionsspinner etc.) heimgesucht. Im Jahr 2009 kam es auf der Fränkischen Platte durch das kombinierte Auftreten von Eichenwickler und Eichenprozessionsspinner zu einer belastenden Situation für die Eiche. In den folgenden Jahren starben vormals vitale Eichen ab. Momentan leiden in manchen Regionen Eichen stark am Befall vom Eichenprachtkäfer. Selbst vital erscheinende Eichen sterben ab. Stark vom Eichenprachtkäfer befallene Eichen müssen daher aus Waldschutzgründen entnommen werden.

Trotz dieser Problematik haben Eichen bei uns Zukunft. Ihr Anteil wird weiter steigen. Zwingend notwendig ist jedoch, dass Eichenbestände, anders als früher, mit einem hohen Anteil von Mischbaumarten begründet werden. Zahlreiche Untersuchungen belegen, dass durch die Beteiligung von Mischbaumarten die Waldschutzrisiken zum Teil erheblich gesenkt werden. Glücklicherweise haben wir zahlreiche natürliche Begleiter der Eiche, die sich hervorragend als Mischungselement zur Eiche eignen. Zu nennen sind hier Baumarten wie Hainbuche, Feldahorn, Elsbeere, Sommer- und Winterlinde.

VOGELKIRSCHE, LINDE UND CO.: NOCH NIE SO WICHTIG WIE HEUTE

Mehr als drei Viertel der Waldfläche Deutschlands sind zusammengenommen mit nur sieben Baumarten bestockt. Zu diesen Hauptbaumarten zählen Fichte, Kiefer, Buche, Eiche, Bergahorn, Lärche, Douglasie und Weißtanne. Alle anderen Baumarten haben, wenn wir von der Birke einmal absehen, nur einen geringen Anteil am Aufbau unseres Waldes.

Bei unserer Reise in die Provence haben wir etliche uns unbekannte Baumarten angetroffen, u. a. die Seekiefer und die Atlaszeder. Gesehen haben wir aber auch wohlbekannte und bei uns beheimatete Baumarten wie zum Beispiel die Vogelkirsche, die Sommerlinde, die Elsbeere und den Speierling. Grund genug, sich etwas näher mit ihnen zu beschäftigen. Offensichtlich kommen sie mit einem wärmeren Klima besser zurecht als Fichte und Kiefer.

In sich sind diese Baumarten eine sehr heterogene Gruppe. Man unterscheidet bei diesen seltenere aber gängige Arten wie zum Beispiel die Sommerlinde, den Spitzahorn, den Feldahorn und die Vogelkirsche. Es gibt aber auch ausgesprochene Raritäten wie die Elsbeere, die Mehlbeere, den Speierling, die Wildbirne oder die Eibe.

In der forstlichen Welt widmete man sich diesen Baumarten bisher in aller Regel nur am Rande. Von Ausnahmen abgesehen, fanden sie nur selten Eingang in die forstliche Planung. Aber, das sei auch gesagt: So mancher Förster hütete und beschützte sie wie den eigenen Augapfel. Ich kann mich noch gut erinnern, wie mir in meinem damaligen Praktikum am Forstamt Kelheim ein Förster seine Schätze des Reviers zeigte. Dies war u. a. eine alte Mehlbeere, gut versteckt im Donaudurchbruch auf einem Kalkfelsen.

Inzwischen hat sich die Einstellung zu den seltenen Baumarten grundlegend verändert. Man hat ihren Wert für Naturschutz und Biodiversität erkannt. Explizit wird zum Beispiel bei den Bayerischen Staatsforsten der Erhalt des genetischen Potenzials von seltenen Baum- und Straucharten genannt, nicht zuletzt, weil der Schutz bedrohter Arten und Lebensräume ein integraler Bestandteil der naturnahen Forstwirtschaft ist.

Die Notwendigkeit des Schutzes und der Förderung dieser Baumarten ergibt sich schon allein aus ihrer Seltenheit. Aber auch im Hinblick auf den Klimawandel verdienen diese Baumarten unsere besondere Aufmerksamkeit. Schauen wir zum Beispiel auf die schnellwüchsige Vogelkirsche. Da wärmeliebend und ein gewisses Maß an Trockenheit ertragend, ist ihre Prognose im Klimawandel ausgesprochen günstig. Ihre derzeitige und zukünftige Eignung wird in erster Linie durch ihre hohen Ansprüche hinsichtlich der Basensättigung eingeschränkt. Sehr saure Böden, Rohhumus- und Sandstandorte sind nicht geeignet. Gutes Wachstum setzt einen guten Bodenluft-Wasser-Haushalt voraus.

Natürlicherweise ist sie in vielen Waldtypen anzutreffen. Am häufigsten kommt sie in Eichen-Hainbuchen-Wäldern vor, kann aber auch in Schluchtwäldern und anderen Waldtypen beigemischt auftreten.

Ihrem Namen entsprechend verzehren fast 50 Vogelarten ihre Früchte und tragen dadurch – neben Eichhörnchen, Mäusen, Dachs oder Fuchs – zur oft kilometerhaften Ausbreitung ihrer Samen bei.

An der Vogelkirsche leben über 100 holzbesiedelnde Käferarten sowie verschiedene Splint-, Borken- und Prachtkäferarten. Hirschkäfer nutzen den Saft reifer Kirschen zur Ernährung.

Dicke gesunde Kirschenstämme sind bei Holzkäufern gesucht und werden gut bezahlt. Es ist daher äußerst sinnvoll, ihrer Pflege und Verjüngung ein besonderes Augenmerk zu schenken. Soweit nicht natürlich kommend, sollte sie truppweise gepflanzt werden. Auch wenn etwas teurer, sollte ausschließlich geprüftes und zertifiziertes Pflanzgut verwendet werden. Zu oft werden bei ihrer Anzucht Samen ungeeigneter Herkunft verwendet.

Wertholz-Kirsche aus geprüftem Saatgut

Kirschenbestand unbekannter Herkunft Foto: Walter Schubach

An das Vorkommen von Linden erinnern viele Flur- und Ortsnamen wie Bildhauerschlag, Lindau, Lindenbühl, Lindenegg. Nebst Gasthäusern wie „Zur Linde“ leiten sich auch viele Familiennamen ab: Linné, Linde, Linder.

Bei den Germanen galt die Linde als heiliger Baum, im Zuge der Christianisierung wurden sie zu Marien-Linden, unter denen man tanzte oder auch zu Gericht saß. So schrieb Martin Luther: „Unter den Linden pflegen wir zu singen, trinken und tanzen und fröhlich zu sein, denn die Linde ist ein Friede- und Freudenbaum.“

Weit über ihr natürliches Verbreitungsgebiet gepflanzt, liegt der Verbreitungsschwerpunkt der Sommerlinde in Mittel- und Südeuropa. In diesen Regionen beträgt ihre Temperaturobergrenze fast ein Grad mehr als bei der Winterlinde. Im Vergleich zu ihrer Schwesternart ist die Sommerlinde jedoch die anspruchsvollere Baumart und hat eine geringere Winterhärte, vermutlich auch eine geringere Trockentoleranz sowie höhere Ansprüche an die Nährstoffversorgung.

In zahlreichen natürlichen Waldgesellschaften vertreten wie zum Beispiel den Eichen-Hainbuchenwald oder dem warm-trockenen Eichenmischwald mit Trauben- und Flaumeiche, besitzen die Linden eine hohe ökologische Wertigkeit. Aufgrund des hohen Nektar- und Pollenangebots sind sie bei vielen Blütenbesuchern wie Honig- und Waldbienen, Hummeln aber auch Käferarten beliebt. 71 Großschmetterlingsarten kommen an unseren Linden vor, so zum Beispiel der Lindenschwärmer und der Wollafter.

Ob Sommer- oder Winterlinde, mit beiden Baumarten können wir, bei passendem Standort, unsere Wälder klimastabiler und ökologisch wertvoller gestalten.

Eine besondere Beachtung verdient auch die Elsbeere. Ihr Verbreitungsgebiet ist sehr zersplittert. Schwerpunkte ihrer Verbreitung finden sich u. a. in Sardinien, Sizilien, Griechenland und im Kaukasus, vereinzelt sogar in Nordafrika.

Ihre Fähigkeit, Trockenheit zu ertragen, macht die Elsbeere zu einem Hoffnungsträger im Klimawandel.

Bisher ist die kalkliebende Elsbeere bei uns überwiegend in den warmen Regionen zu finden und dort eher in trockenen Bereichen. Anders als vermutet, sind ihre Ansprüche an den Boden weniger speziell. Sie kommt auch mit nur mäßig basenversorgten und tonigen Böden zurecht. Selbst auf frischeren Standorten kann sie gegen dort konkurrenzstärkere Baumarten bestehen und gute Zuwächse leisten, wenn sie gezielt gefördert wird. Als ausgesprochen robuste Mischbaumart kann sie zur Stabilisierung insektengeschädigter Eichenwälder beitragen.

Furnierfähiges Wertholz der Elsbeere ist gefragt und erzielt sehr hohe Erlöse. Wegen ähnlicher Holzeigenschaften fasste man früher Elsbeere, Speierling, Wild- und Kulturbirne im Sortiment „Schweizer Birnbaum“ zusammen.

Als weitere interessante Baumart ist der Feldahorn zu nennen. Unter den drei wichtigsten Ahornarten besetzt er den warmen Flügel. Verbreitet bis in die wärmeren Regionen Südeuropas, wird ihm gleichzeitig Wärme- und Frosttoleranz bescheinigt. Damit kann er auf allen Standorten, die künftig für die typischen mitteleuropäischen Baumarten zu warm werden, eine wichtige Baumartenalternative im klimagerechten Waldumbau sein. Zu beachten ist allerdings, dass der Feldahorn zu den Baumarten mit den höchsten Ansprüchen an die Basensättigung des Oberbodens zählt.

Der Spitzahorn steht bei der Trockentoleranz zwischen Bergahorn und Feldahorn. Als Baumart der Ebene

Die Elsbeere, wichtige Mischbaumart für klimastabile Wälder

Foto: Walter Schubach

Die Esskastanie, interessante Mischbaumart zur Wertholzproduktion

Foto: Walter Schubach

und der mittleren Gebirgslagen sind seine Prognosen im Klimawandel recht unterschiedlich. Es zeichnet sich jedoch ab, dass er auf warm-trockenen Standorten seine Schwierigkeiten hat. Ist doch seine Verbreitung durch eine Jahresmitteltemperatur von 6–10,5 °C gekennzeichnet. Als typische Mischbaumart ist er auf mittel bis gut mit Nährstoffen versorgten Böden einzeln bis truppweise beigemischt. Hinsichtlich der Rußrindenerkrankung scheint er nicht so anfällig zu sein wie der Bergahorn.

Die Edelkastanie ist eine raschwüchsige Baumart, die auf vielen Standorten, soweit gut durchlüftet und ohne freien Kalk im Oberboden, gut gedeiht. Sie ist eine Baumart mit dem Potenzial zur Wertholzproduktion und stellt insbesondere in warm-trockenen Gebieten eine hoch interessante Beimischung dar. Wegen des Kastanienrindenkrebses, der zum Beispiel in Rheinland-Pfalz erheblichen Schaden anrichtet, sind ihre Zukunftsaussichten jedoch geschmälert.

Eine wertvolle Bereicherung ist die Wildbirne, die sich selbst auf extremen Standorten behaupten kann und selbst strenge Tonböden durchwurzelt. Sie erträgt sommerliche Hitze, Trockenperioden und ist frosthart. Im Klimawandel ist sie deshalb trotz ihrer Mattwüchsigkeit eine vielversprechende Baumart und sollte mehr als bisher berücksichtigt werden.

Beim Bergahorn gibt die örtlich massive Erkrankung an der Rußrindenerkrankung, insbesondere in den warm-trockenen Gebieten, zu denken. Eine gewisse Zurückhaltung ist daher angezeigt. Gänzlich sollte man wegen des Eschentriebsterbens leider auf die Esche verzichten. Ob Pflanzung oder Naturverjüngung, jede Esche wird befallen.

Die früheren „Nebenbaumarten" wie Vogelkirsche, Sommer -und Winterlinde, Elsbeere und Co. verdienen es, insbesondere in Zeiten des Klimawandels eine wesentlich höhere Beachtung zu finden. Sie können einen unschätzbaren Beitrag dazu leisten, unsere Wälder klimastabiler zu gestalten. Aber nicht nur das, auch unter ökologischen und ökonomischen Gesichtspunkten verdienen sie eine besondere Aufmerksamkeit.

EIBE: PORTRAIT EINER RARITÄT

Gepflanzte Eiben in einem Fichtenaltholz Foto: Walter Schubach

Im Laufe der Geschichte ist die Eibe eine extrem seltene Baumart geworden und vielen von uns nur noch als Friedhofsbaum bekannt. Und trotzdem, oder gerade deshalb, verdient sie unsere besondere Aufmerksamkeit. Sie hat außergewöhnliche Eigenschaften, eine faszinierende Geschichte ihrer Nutzung und ein bemerkenswert breites ökologisches Spektrum.

Zu finden ist die Eibe an so unterschiedlichen Standorten wie an unzugänglichen Stellen im Inneren Bayerischen Wald, auf Kalkfelsen im Donaudurchbruch bei Kelheim oder auch im submediterranen Eichenwald am Lago Maggiore.

Aufgrund ihres breiten ökologischen Spektrums und ihrer Fähigkeit, Tro-

Eiben auf Kalkfelsen im Donaudurchbruch Foto: Walter Schubach

ckenheit zu ertragen, ist die Eibe in Zeiten des Klimawandels eine interessante Baumart. Sie ist extrem schattenertragend, langsam wüchsig und besitzt ein starkes Ausschlagvermögen.

Ihr Holz, mit das beste und dauerhafteste, was es gibt, ist gesucht u. a. für Möbel- und Instrumentenbau. Unter unseren einheimischen Nadelbaumarten kann sie mit etwa 3.000 Jahren das höchste Alter erreichen.

Alle Teile der Eibe enthalten mit Ausnahme des Samenmantels (Arillus) das giftige Taxin und sind u. a. für Pferde tödlich. Warum dies nicht für das Rehwild gilt, welches die Eibe bevorzugt und intensiv verbeißt, ist unbekannt.

Geschichtliches

Schon die alten Römer schätzten das harte, aber elastische Holz der Eibe. Sie fertigten aus ihr Transportgefäße für Wein, Schöpfgefäße und Eimer. Aber auch für Schnitzereien oder zum Bau von Bögen war sie hoch begehrt.

Im germanischen Sprachraum galt die Eibe als „zauberabwehrend“, im

Wohnraum kreuzweise gelegte Zweige schützten vor Geistern. Ebenso galt sie als Symbol der Ewigkeit. Der bis heute erhaltene Brauch, auf Friedhöfen Eiben zu pflanzen, ist wohl darauf zurückzuführen.

Die berühmten englischen Langbögen waren alle aus Eibenholz gefertigt. Der Bedarf an Waffen dieser Art war hoch und konnte schon bald nicht mehr aus eigenen Vorräten gedeckt werden. Eibenholz musste eingeführt werden. Es entstand reger Eibenholzhandel mit dem Festland. Rücksichtslos wurden die Eibenbestände geplündert und das Holz nach England exportiert. Am 27. Dezember 1551 erhielt zum Beispiel der Nürnberger Gabriel Tetzel von Albrecht, Herzog von Bayern, das Privileg, die ober- und niederbayerischen Eibenbestände auszubeuten. Offenbar besorgte er dies gründlich, denn schon 1568 wurden weitere Gesuche zur Ausbeutung mit der Begründung abgelehnt, die Eibenholzvorräte seien gänzlich erschöpft.

Die Eibe, früher zahlreich in unseren Wäldern vertreten, ist eine wertvolle Bereicherung. Sie verdient es, bei der naturnahen und klimastabilen Gestaltung der Wälder, wieder stärker beachtet zu werden.

Zum weiteren Rückgang der Eibe hat sicherlich auch ihre Giftigkeit für Pferde beigetragen. Systematisch rotteten Pferdehalter und Fuhrleute sie aus.

Das Wichtigste in Kürze

- Fichte und Kiefer haben es schwer, mit den höheren Temperaturen zurecht zu kommen. Trockenheit, Käfer- und Pilzbefall werden ihre Anteile in den kommenden Jahrzehnten merklich reduzieren.
- Auf Tanne und Buche können wir auch weiterhin setzen. Voraussetzung ist allerdings, dass wir den Ausstoß der Treibhausgase merklich reduzieren.
- Stiel- und Traubeneichen vertragen höhere Temperaturen, ihre Anteile werden zunehmen. Zur Stabilisierung der von Insekten gefährdeten Eichenbestände sind jedoch markante Beimischungen anderer Baumarten äußerst sinnvoll.
- Baumarten wie Vogelkirsche, Linde und Co. kommen deutlich besser mit wärmeren Temperaturen zurecht. Sie eröffnen uns wertvolle Möglichkeiten zur klimastabilen Gestaltung unserer Wälder.
- Selten gewordene Baumarten wie zum Beispiel die Eibe verdienen es, bei den Planungen berücksichtigt zu werden.

KLIMASTABILE WÄLDER – WIE PACKEN WIR ES AN?

NATUR NATUR SEIN LASSEN?

Trockenheit und Hitze haben dem Wald sichtbar zugesetzt. Landauf, landab, nahezu überall sind inzwischen Schäden sichtbar geworden. Nicht nur Forstleute und Wissenschaftler, sondern auch die Politik und die breite Öffentlichkeit interessieren sich inzwischen für das Wohlergehen des Waldes. Allgemeiner gesellschaftlicher Konsens besteht, wohin sich der Wald entwickeln soll. Stabil, arten- und strukturreich soll er sein, wie es Bundeslandwirtschaftsminister Cem Özdemir bei der Vorstellung der Ergebnisse der 4. Bundeswaldinventur formulierte.

Über das Ziel besteht Einigkeit, da gibt es keinen Streit. Wie kommen wir aber dahin, welchen Weg sollen wir gehen? Die Gegensätze könnten da nicht größer sein. Ewas vereinfacht kann man sagen, es existieren zwei Denkrichtungen, die sich, zumindest auf den ersten Blick, gegenseitig ausschließen. Die eine Denkrichtung setzt auf den aktiven Waldumbau. Es könne nicht gewartet werden, bis die Natur die nötigen Anpassungen regelt. Aufgrund des Klimawandels bräuchte es den notwendigen Umbau ohne weitere Zeit zu verlieren. Die andere Denkrichtung setzt auf eine passive Strategie, die Selbstheilungskräfte der Natur werden beschworen. Die Bäume wüssten am besten, wie sie ihr angestammtes Ökosystem wieder aufbauen könnten. Ursache der Waldkrise ist eine verfehlte naturferne Forstwirtschaft, die auf großer Fläche Fichten- und Kiefernreinbestände geschaffen hat. Ohne Eingriffe, allein durch die Selbstheilungskräfte der Natur würde ein neuer, dem Klima angepasster Wald entstehen. So schreibt zum Beispiel Peter Wohlleben, prominenter Vertreter dieser Denkrichtung in seinem Buch „Der lange Atem der Bäume“: „Aktuell ist es der Zusammenbruch der naturfernen Plantagen ... Unternehmen wir dort nichts, so wandelt sich die ehemals grüne Wüste wieder in eine grüne Wildnis ... Unter den Birken und Pappeln mogeln sich hier und da Eichen, Buchen oder Ahorne empor, um die zuerst angekommenen Baumarten einzuholen, dann zu überwachsen und in wenigen Jahrzehnten das Ruder komplett zu übernehmen."

Diese Entwicklung klingt wunderbar, ist sie jedoch auch realistisch? Fragen wir nach, machen wir den Faktencheck: Die Entwicklung von Naturverjüngungen auf Schadflächen hat die Forstwirtschaft schon lange interessiert, hierzu gibt es zahlreiche Untersuchungen.

Das heißt, aus einem Fichtenbestand ohne nennenswerte Beimischung geht wieder ein Fichtenbestand hervor. Wollen wir das? Einige Jahrzehnte reichen leider nicht aus, um aus einem Fichtenreinbestand einen strukturreichen gemischten Wald entstehen zu lassen. Woher sollen die Samen der Eichen und Buchen auch kommen. Hierzu bedarf es vielleicht zwei bis dreihundert Jahre oder noch länger. Ein Zeitraum, den wir nach meiner Meinung nicht haben.

Nationalpark Bayerischer Wald: Blick vom Lusen auf ehemalige Borkenkäferschadflächen
Foto: Walter Schubach

Eindrucksvoll kann man die Entwicklung von Schadflächen im Nationalpark Bayerischer Wald studieren. Durch den Verzicht auf Borkenkäferbekämpfungsmaßnahmen ist die Fichte, ob im Rein- oder im Mischbestand, abgestorben. In den Mischbeständen hat sich im Laufe der Zeit eine wunderbare Naturverjüngung aus Buche, örtlich angereichert mit Fichte oder anderen Baumarten, eingestellt. Die Wunden des Befalls sind vernarbt, die Selbstheilungskräfte der Natur haben überzeugend gewirkt. Anders sieht es jedoch in den abgestorbenen reinen Fichtenbeständen aus. Nahezu ausschließlich sind hier wieder reine Fichtebestände entstanden. Eine, wenn man so will, völlig logische Entwicklung. Die herabfallende und zersetzende Fichtenrinde bildet ein ideales Keimbett für die Fichtensämlinge. Unvermeidlich wird in 50 bis 60 Jahren, vielleicht auch früher oder auch später, der Borkenkäfer in diesen Fichtenbeständen wieder reichlich Nahrung finden.

> Wir warten nicht ab, bis die Bestände abgestorben sind, sondern sorgen frühzeitig durch Pflege, Naturverjüngung und Pflanzung für eine zukunftsfähige Baumartenmischung.

Bemerkenswerterweise wird im Nationalpark Harz ein etwas anderer Weg beschritten. Die Natur darf walten, aber, wo nötig, leistet der Mensch Hilfe zur Selbsthilfe.

Mehr als 11.000 Hektar Fichte sind seit 2018 durch Dürre und Borkenkäfer abgestorben. Die toten Stämme stehen noch immer, aber dazwischen findet sich inzwischen viel Grün. Es wachsen Fichten und klassische Pionierbaumarten wie Birken und Weiden. Was nicht kam: Buchen. Dabei wären sie gerade hier die typische waldprägende Baumart. Also pflanzte man im Nationalpark Buchen. Ein Widerspruch zur Idee, den Wald sich selber zu überlassen, wird hierin nicht gesehen. Wo hätten sie herkommen sollen, wenn es gar keine Altbäume mehr gibt. So meint Roland Pietsch im Zeit-Interview vom 10.10.2024: „Das war eine Art beschleunigte Hilfestellung für die Natur. Die Buche würde hier zwar auch von allein wieder überall wachsen, aber wohl erst in einigen Tausend Jahren."

Diese Art des Herangehens verdeutlicht, dass wir an die Aufgabe der Anpassung unserer Wälder an den Klimawandel vollkommen undogmatisch herangehen sollten. Wir können auf die Selbstheilungskräfte der Natur vertrauen, aber dort, wo notwendig und sinnvoll, unterstützen wir die Natur durch Pflanzung oder andere geeignete Maßnahmen.

Keine Unterstützung brauchen zum Beispiel geschädigte Laubholzbestände. Im Schutz der abgestorbenen oder geschädigten Laubhölzer stellt sich fast zwangsläufig eine mannigfaltige Naturverjüngung aus Buchen, Eichen, Linden, Ahorne etc. ein. Soweit Waldschutzgründe es nicht zwingend erfordern, wäre es widersinnig, die Altbäume einzuschlagen und die Freiflächen anschließend zu bepflanzen. Voraussetzung für ein Gelingen sind jedoch zwingend dem Wald angepasste Wildbestände. Ohne diese Grundvoraussetzung werden gerade die so dringend benötigten Mischbaumarten wie Eiche, Linde und Co. bevorzugt vom Rehwild verbissen.

Abgestorbene Laubhölzer sind ökologisch von unschätzbarem Wert. In den Bundesländern wird daher das Belassen von solchen Bäumen finanziell gefördert. Eine Nachfrage beim zuständigen Förster lohnt sich daher.

DAS GEDÄCHTNIS DER BÄUME – DER KÖNIGSWEG?

Der Gedanke ist faszinierend, Bäume können lernen und ihr Wissen und ihre Erfahrungen mit Dürre, Hitze oder anderen Extremereignissen über den Samen auf ihre Nachkommen weitergeben. Mit diesem Erfahrungsschatz ausgestattet, würden die jungen Bäumchen besser mit Dürre, Hitze oder anderen Unbilden der Natur zurechtkommen können. Epigenetische Anpassung nennt man das.

Epigenetik ist ein recht junges und zugleich sehr umstrittenes Forschungsfeld. „Epi" bedeutet so viel wie neben, zusätzlich oder über. Epigenetik ist eine Art „Zusatzgenetik", die sich mit allem beschäftigt, was eine Zelle außer dem Basencode der DNA an Informationen an ihre Tochterzelle vererbt. Durch eine Veränderung des Epigenoms reagieren Zellen auf Reize aus der Umwelt. Sie können sich praktisch an Ereignisse erinnern, diese speichern und weitergeben.

Verschiedene Studien hatten in der Tat bemerkenswerte Ergebnisse. So zeigt zum Beispiel eine Untersuchung der Universitätsklinik in Amsterdam, dass Kinder von Müttern, die während des Hungerwinters 1944/45 in Holland mit ihnen schwanger waren, ein erhöhtes Risiko für Übergewicht, Herzprobleme etc. hatten und kleiner waren als der Durchschnitt. Eine andere Forschungsgruppe berichtet, dass die Traumata von Holocaust-Überlebenden auf deren Kinder vererbt worden sind.

So spektakulär die Erkenntnisse der Epigenetik auch sind, genauso massiv ist die Kritik an diesen Studien. So nimmt zum Beispiel Steven Henikoff, der am Fred Hutchinson Cancer Research Center in Seattle Genregulation erforscht, diese Studien nicht ernst, weil in keiner Weise streng genug getestet wurde. Die Ergebnisse der Studien würden sich leichter auf konventionelle Weise erklären lassen.

Es sei dahingestellt, was es mit der Epigenetik auf sich hat, ich bin kein Genetiker. Bei Bäumen scheinen jedenfalls keine epigenetischen Anpassungsprozesse stattzufinden, hierzu gibt es keinerlei Beobachtungen. Jede Baumart hat ein klar definiertes Verbreitungsgebiet. Betrachten wir zum Beispiel die Buche, erforscht wie fast keine andere Baumart. Sie zeigt eine bemerkenswert große ökologische, phänotypische und genetische Variabilität, selbst innerhalb eines Bestandes. Und trotzdem, ihre östliche Verbreitung im Osten von Polen ist durch Trockenheit und scharfe Winterfröste klar definiert. Epigenetische Anpassungsprozesse finden offensichtlich nicht statt. Ebenso gäbe es keine Vegetationszonen entsprechend des herrschenden Klimas. Erleben können wie diese u. a., wenn wir in den Alpen in naturnahen Wäldern die Berge hinaufwandern. Mit steigender Höhe ändert sich der Wald sichtbar.

So interessant die Epigenetik auch ist, als Lösungsmöglichkeit der Probleme mit dem Klimawandel scheidet sie aus. Es wäre auch zu einfach, wie es der Forstwissenschaftler Dr. Kölling 2024 formuliert, wenn Bäume durch Lernen jeder Umweltveränderung ein Schnippchen schlagen und sich damit entlang neuer Herausforderungen weiterentwickeln könnten.

Eine vermutete bzw. unterstellte epigenetische Anpassung sollte man nicht mit dem bekannten Phänomen der phänotypischen Plastizität verwechseln. Bei gleichem Genotyp (Erbinformation) bilden sich bei Tieren und Pflanzen je nach herrschenden Umweltbedingungen andere Phänotypen aus. Junge Bäumchen passen sich zum Beispiel einem geringeren Wasserangebot an und bleiben kleiner als ihre unter einem größerem Wasserangebot aufgewachsenen Eltern. Sie haben in diesem Sinne „gelernt", mit weniger Wasser auszukommen. Am Erbgut, den Genen, hat sich jedoch nichts geändert. Diese bekannte Anpassungsfähigkeit kann aber nur im Rahmen der im Erbgut festgelegten Grenzen erfolgen.

NEUE BAUMARTEN FÜR DEN WALD VON MORGEN

Die Klimakrise ist spürbar bei uns angekommen. Fichte und Kiefer, das Rückgrat der deutschen Forstwirtschaft drohen auszufallen. Innerhalb eines Jahrzehnts hat die Fichte eine Fläche von 461.000 Hektar verloren. Ein gewaltiger Aderlass. Aber auch die anderen heimischen Baumarten haben sichtbar Probleme. Denken wir an die Trockenschäden bei der Buche, die Rußrindenkrankheit beim Bergahorn, an das Triebsterben bei der Esche und die Probleme der Eiche mit dem Eichenprachtkäfer. Unsere schon schmale Baumartenpalette droht weiter geringer zu werden. Der Gedanke liegt daher nahe, dass wir unser Baumartenportfolio durch neue Baumarten erweitern. So kommt auch eine aktuelle Studie aus dem Jahr 2024 unter Beteiligung des Thünen-Instituts zum Ergebnis, dass Wälder künftig um Bäume aus anderen Regionen ergänzt werden müssen. Sie würden sonst wichtige Funktionen verlieren, die den Klimawandel aufhalten können. Das internationale Forschungsteam betont die hier entscheidende Rolle der „unterstützten Migration". Es handelt sich um eine Strategie der Waldbewirtschaftung, bei der Baumarten und Samenherkünfte aus entfernten Regionen ausgewählt werden, die schon an künftige Klimabedingungen angepasst sind. Zum Beispiel kommt eine deutsche Buche mit weniger Niederschlag schlechter zurecht als etwa eine Buche vom Balkan oder aus Italien.

Ohne Zweifel, ein interessanter, zielführender Gedanke, Baumarten bei der Wanderung zu unterstützen. Gegenwärtig ist dies jedoch noch ein Aufgabengebiet für die Wissenschaft, bei der praktischen Waldbewirtschaftung kann dies noch keine Anwendung finden. Die Gefahren und Risiken sind zu groß.

Wenn wir vorsichtig und behutsam vorgehen, die bisherigen zum Teil reichlichen Anbauerfahrungen berücksichtigen, können uns neue Baumarten helfen, den Wald vielfältiger und damit klimaresilienter und zugleich ertragreicher zu gestalten. Denn, wenn wir in die Geschichte schauen, schon immer hat der Mensch Pflanzen in andere Regionen gebracht und angebaut. Denken wir zum Beispiel an die Kartoffel: Sie stammt aus Südamerika und ist heute von unserem Speisezettel nicht mehr wegzudenken.

Mit der Verwendung von neuen Baumarten darf das allgemein anerkannte Ziel von stabilen, arten- und strukturreichen Wäldern jedoch nicht gefährdet werden. Dies bedeutet konkret:

- Grundsätzlicher Vorrang von heimischen Baumarten
- Neue Baumarten sind nur kleinflächig, am besten trupp- und gruppenweise einzubringen.
- Naturschutzfachlich hochwertige Gebiete (Naturschutzgebiete, geschützte Biotope etc.) sind grundsätzlich auszusparen.

NEUE BAUMARTEN MIT EIGNUNG

Betrachten wir nun die Baumarten, die für einen Anbau überhaupt in Erwägung gezogen werden können.

Wenn wir die neuen Baumarten betrachten, müssen wir feststellen, die Baumartenpalette, die zum jetzigen Zeitpunkt für einen Anbau tatsächlich infrage kommt, ist ernüchternd schmal. Die Versuche in der Forstwirtschaft waren vielfältig, übrig geblieben sind jedoch nur drei Baumarten: die Douglasie, die Küstentanne und die Roteiche.

Wüchsige, stabile Douglasien

Foto: Walter Schubach

Die Douglasie

Seit mehr als 150 Jahren wird inzwischen die Douglasie in Deutschland angebaut. Geschätzt wird sie als eine

Douglasiennaturverjüngung
Foto: Walter Schubach

Baumart mit einer hervorragenden Wuchsleistung, ausgezeichneten Holzeigenschaften und einer guten Anpassung an sommerliche Trockenheit.

Wesentliche Erfolgsfaktoren für ihren Anbau sind geeignete Standorte, die richtige Herkunftswahl und die waldbauliche Behandlung.

Beheimatet ist die Douglasie im Westen Nordamerikas und besitzt dort ein riesiges, klimatisch sehr heterogenes Verbreitungsgebiet. Dem entsprechend ist sie morphologisch und ökologisch sehr variabel. In ihrer Jugend ist sie relativ schattentolerant, später ist sie eine Halbschattbaumart.

In Deutschland erfolgte ihr Anbau im Wesentlichen nach dem Prinzip „Versuch und Irrtum". Dabei bildeten sich auffällige regionale Schwerpunkte mit den größten Douglasienflächen in Rheinland-Pfalz, Baden-Württemberg und Hessen. Das hier herrschende ozeanische Klima wird als wichtigste Voraussetzung für den Douglasienanbau angesehen. Milde Winter, früher Beginn und spätes Ende der Vegetationszeit sowie warme, nicht zu trockene Sommer werden als wesentliche Erfolgsfaktoren angesehen. So fasst auch Foerst in seiner grundlegenden Arbeit über die Douglasie seine Ergebnisse folgendermaßen zusammen: „Die Untersuchungsergebnisse bestätigen die alte waldbauliche Erfahrung, dass sich die Grüne Douglasie besonders für den Anbau in (sub-) atlantischen Laubwaldgebieten im Kontakt zum Weinbau eignet".

Herkunft

Unbedingt ist die Grüne Douglasie zu verwenden. Sie ist weniger krankheitsanfällig (Rostige Douglasienschütte) und wüchsiger.

Standort

Sie ist gut für die bisher für die Fichte passenden Standorte geeignet und geht weiter in trocknere und/oder wärmere Bereiche. Ideal sind gut durchlüftete, tiefgründige Böden, auf Stauwasser bzw. schlecht drainierte

Böden reagiert sie empfindlich. Ebenso muss der Hauptwurzelraum frei von Carbonat sein.

Besonders warm-trockene Bereiche wie die Fränkische Platte scheiden jedoch schon jetzt für einen Anbau aus.

Pflanzung

Douglasien gelten bei der Pflanzung als die empfindlichste Baumart. Nicht selten kommt es zu hohen Ausfällen. Praxiserfahrungen zeigen, dass bei ihr die Frische des Pflanzguts ein wesentlicher Faktor für den Kulturerfolg ist. Im Vergleich zu wurzelnackten Pflanzen haben Containerpflanzen diesbezüglich einen gewissen Vorteil.

Bisher galt als Pflanzzeit der Zeitraum von Mitte März bis spätestens Anfang Mai als ideal. Die Herbstpflanzung birgt das Risiko der Frosttrocknis. Allerdings leiden Frühjahrskulturen zunehmend an den vermehrten Trockenperioden im Frühjahr. Ein Ausweichen auf den Herbst bzw. Winter mit der höheren Bodenfeuchtigkeit scheint daher angezeigt zu sein. Die Gefährdung durch Frosttrocknis kann durch eine leichte Schirmstellung bzw. durch den Seitenschutz des Nachbarbestandes reduziert werden. Obligatorisch ist ein Fegeschutz, auch eine Schutztauchung gegen Rüsselkäferbefall macht Sinn.

Optimal sind Pflanzahlen zwischen 1.000 und 2.000 Pflanzen pro Hektar. Diese bieten einen Ausgleich zwischen Entwicklung der Qualität, Stabilität und Durchmesser der künftigen Zukunftsbäume. Bei geringeren Pflanzzahlen ist eine zu große Aststärkenentwicklung gegeben.

Waldbau

Ideal ist es, wenn sie einzeln, trupp- bis gruppenweise als kleinflächiges, standortsgemäßes Mischungselement, zum Beispiel in eine Buchennaturverjüngung eingebracht wird. Ebenso hat es sich bewährt, Fichtennaturverjüngungen, wenn sie etwa wadenhoch sind, mit Douglasie im Verband 5 x 5 m zu überstellen.

Keinesfalls sollten wir den Fehler machen, sie im Reinbestand anzubauen. Die Probleme mit der Fichte sollten uns Mahnung genug sein.

Ausblick

Die Douglasie ist, wenn wir bestimmte Kriterien beachten, eine wertvolle Bereicherung für unseren Wald. Wunderdinge dürfen wir von ihr allerdings nicht erwarten. Galt sie anfangs als „biotisch unverwundbar", hat sie diesen Status inzwischen verloren, zu anfällig ist sie zum Beispiel gegenüber dem Hallimasch. Die Koevolution der Douglasie mit heimischen Organismen in unseren Breiten hat gerade erst begonnen. Oft vom Naturschutz kritisch beäugt, sind die Ergebnisse der 4. Bundeswaldinventur ermutigend, da keine invasive Ausbreitung der Douglasie beobachtet wurde.

Mahnung sollten uns auch die zunehmenden Schwierigkeiten der Douglasie in der Provence sein, wo man sie großflächig angebaut hat.

Die Küstentanne

Die im Westen Nordamerikas beheimatete Große Küstentanne zeichnet sich durch eine breite Standortpalette, hohe Produktivität und ein geringes Invasionspotenzial aus. Vor dem Hintergrund des Klimawandels kann sie an Bedeutung gewinnen.

Als Halbschattbaumart verträgt die Küstentanne mehr Schatten als die Douglasie, aber weniger als die Weißtanne. Allgemein gilt sie als weniger spätfrostgefährdet als die Weißtanne.

Ihr Holz ist leicht, nicht dauerhaft und entspricht einer geringeren Weißtannenqualität.

Standortansprüche

Die Küstentanne wächst sowohl auf extrem basenreichen als auch auf sauren Standorten. Auf ärmeren, trockenen Sandböden gedeiht sie besser als die Douglasie. Freier Kalk im Oberboden wird toleriert, macht sie jedoch extrem anfällig für Hallimaschbefall. Für flachgründige Kalkverwitterungslehme ist sie daher nicht geeignet. Ebenso scheiden strenge Tonböden aus.

Auf wechselfeuchten, von Grundwasser beeinflussten oder verdichteten Böden liegt ihre Tiefendurchwurzelung zwischen der von Tanne und Fichte. Es besteht hier erhöhte Windwurfgefahr.

Ihr Optimum hat sie bei durchschnittlichen Jahrestemperaturen zwischen 6 und 10 °C.

Waldschutz

Sie ist anfällig gegen verschiedene Stamm- und Wurzelfäuleerreger, insbesondere dem Hallimasch. Selbst in Altbeständen kann dieser noch zu erheblichen Ausfällen führen. Ein

Die Küstentanne, zerriebene Nadeln mit einem an Orangen erinnernden Geruch Foto: Walter Schubach

gefährlicher Schädling ist die Tannenstammlaus. An Jungpflanzen ist der Große Braune Rüsselkäfer nicht selten ein ernsthaftes Problem.

Sie wird weniger als die Weißtanne verbissen, jedoch in der Regel stark vom Rehbock verfegt.

Waldbau

Bewährt haben sich Pflanzzahlen zwischen 2.500 bis 3.000 Stück pro Hektar. Trupp- bis gruppenweise eingebracht, ist sie als Mischungselement mit Douglasie, Buche oder Roteiche geeignet.

Die Roteiche

Die Heimat der Roteiche liegt im Osten Nordamerikas. In Europa, aber auch in Deutschland wird sie bereits seit über 250 Jahren angebaut. In ihrer Wuchsdynamik und waldbaulichen Behandlung ist sie eher mit dem Bergahorn als mit unseren einheimischen Eichen zu vergleichen.

Von besonderem Interesse ist sie beim Waldumbau nadelholzdominierter Bestände auf armen Sanden. Ihre Prognose ist bei einer moderaten Klimaerwärmung positiv.

Standort

An die Böden stellt sie keine besonderen Ansprüche, sie wächst auf nährstoffreichen Lehmen bis zu armen Sanden und Kiesen. Auf kalkreichen Oberboden versagt sie jedoch. Stau- und grundwasserbeeinflusste Standorte toleriert sie, unsere einheimischen Eichen sind hier aber besser geeignet.

Waldbau und Leistung

Unseren einheimischen Eichen ist sie in der Wuchsleistung deutlich überlegen. Bei Versuchsanbauten hatte die Roteiche im Alter von 93 Jahren eine um 44 % höhere Volumenleistung als die Stieleiche. Der hohen Massenleistung steht jedoch eine deutlich geringere Wertleistung entgegen. Die Nettoerlöse liegen im Durchschnitt um 30 % unter denen der einheimischen Eichen. Ihr Holz wird, da zum Beispiel nicht für die Fassherstellung geeignet, von den Holzverarbeitern weniger geschätzt. Mischungen mit den einheimischen Eichen scheiden wegen der unterschiedlichen Wuchsdynamik aus.

Waldschutz

Roteichen sind bis jetzt aus Sicht des Waldschutzes unauffällig. Bei Massenvermehrungen verursachen Schwammspinner, Eichenprozessionsspinner und Co. jedoch erhebliche Schäden. Vom Wild wird sie gerne verbissen und verfegt.

Artenvielfalt

Im Vergleich zu Stiel- und Traubeneiche haben bisher nur wenige Insekten die Roteiche als Lebensraum angenommen. Ökologisch besitzt sie daher bei Weitem nicht die Wertigkeit wie unsere einheimischen Eichenarten.

Ausblick

Insbesondere beim Umbau von Kiefernbeständen auf ärmeren Böden kann die Roteiche eine bedeutsame Rolle spielen. Wegen ihrer ökologischen relativen Geringwertigkeit sollte jedoch immer sorgsam abgewogen werden, ob nicht unsere einheimischen Eichenarten den Vorzug verdienen.

Gelegentlich wird auch die Japanlärche als eine geeignete neue Baumart genannt, die bereits seit über 120 Jahren in Europa angebaut wird. Da sie jedoch auf eine gute Wasserversorgung mit guter Bodendurchlüftung angewiesen ist, wird sie nach meiner Einschätzung kaum eine besondere waldbauliche Bedeutung erlangen können. Hier haben wir andere, passendere Baumarten.

Roteichenbestand mit guter Ausformung Foto: Walter Schubach

NEUE BAUMARTEN ZUM EXPERIMENTIEREN

In den Trockenjahren 2018 und 2019 hatten alle unsere einheimischen Baumarten, wenn auch in unterschiedlicher Intensität, ihre Probleme mit der extremen Trockenheit. Es ist daher logisch, dass man, wenn man weiter Forstwirtschaft betreiben will, nach Baumarten sucht, die evtl. besser mit solchen extremen Witterungsverhältnissen zurechtkommen. In den Fokus der Forstwirtschaft und der Wissenschaft sind hier insbesondere die beiden Baumarten Atlaszeder und Baumhasel gerückt. Sie zeichnen sich durch eine bemerkenswerte Dürreresistenz aus.

Aus bisherigen Anbauerfahrungen weiß man jedoch, es ist kritisch und ggf. mit verheerenden Folgen verbunden, wenn man unbedacht und mit zu wenig Wissen auf eine Baumart setzt. Mahnendes Beispiel hierfür ist die Strobe. 1705 wurde die Strobe in Mitteleuropa eingeführt und wegen ihres raschen Wachstums und ihrer guten Holzqualitäten auf großer Fläche angebaut. Zunächst war ihr Anbau auch erfolgreich, ehe sie vom Blasenrost, erstmals 1854 in Estland beobachtet, befallen wurde. Blasenrost ist ursprünglich ein praktisch völlig harmloser Pilz, der in Mitteleuropa an der Zirbe und in Sibirien an der Sibirischen Zirbe ohne nennenswerte Schäden auftritt. Die Strobe, ohne jegliche Resistenz, wurde durch den Pilz schwer geschädigt. Noch viel schwerwiegendere Folgen hatte die Tatsache, dass mit infizierten Jungpflanzen der Pilz nach Nordamerika eingeschleppt wurde. Dort wurde nicht nur die Strobe, sondern auch zahlreiche andere fünfnadelige Kiefern befallen.

Dieses Beispiel zeigt, wir müssen vorsichtig sein, wir dürfen keinesfalls zu schnell auf eine Baumart setzen. Zunächst müssen Fragen der Herkunft, des Waldschutzes und anderes geklärt werden.

Atlaszeder und Baumhasel sind vielversprechende Baumarten. Sie eignen sich daher besonders zum Experimentieren und zum Anbau in Praxisanbauversuchen, die in Bayern speziell gefördert werden.

Die Atlaszeder

Das natürliche Verbreitungsgebiet der Atlaszeder ist sehr zersplittert und beschränkt sich auf die nordafrikanischen Bergregionen Marokkos und Algeriens. Sie kommt auf kalkhaltigen und silikatischen Böden vor

Die Atlaszeder

Foto: Tobias Mette

mit einer durchschnittlichen Jahrestemperatur von 7,5 bis 15°C. Sie gilt als dürre- und kälteresistenter als andere mediterrane Baumarten.

Insgesamt ist die Atlaszeder eine hoch interessante Baumart, die nicht zuletzt wegen des Klimawandels eine besondere Beachtung verdient. Sie kann mithelfen, unsere Wälder zu stabilisieren.

Derzeit umfasst die Waldfläche der Atlaszeder rund 140.000 Hektar, meist stockt sie auf degradierten Standorten. Wegen ihres wertvollen Holzes wurde sie stark übernutzt und kommt in Algerien jetzt nur noch auf einer Fläche von 14.000 Hektar vor. In Europa wurde die Atlaszeder in der ersten Hälfte des 19. Jahrhunderts als Zier- und Parkbaum eingeführt. Seit Mitte des 19. Jahrhunderts wird sie in Frankreich für die Aufforstung devastierter Standorte eingesetzt und hat inzwischen eine Fläche von rd. 20.000 Hektar.

Die Atlaszeder hat eine bemerkenswert hohe standörtliche Amplitude, sie wächst auf trockenen bis fast nassen, nährstoffarmen bis -reichen Standorten. In ihrem Hauptverbreitungsgebiet zeichnet sich das Klima durch ausgesprochene Trockenperioden im Sommer aus. Staunasse, wechselfeuchte Böden oder flachgründige Kalkstandorte sind Ausschlussgründe.

In bisherigen Untersuchungen zeigten sich wegen ihrer geringen Konkurrenzenzkraft keine negativen Folgen für die einheimische Tier- und Pflanzenwelt.

Waldbaulich ist zu beachten, dass sie in ihrem natürlichen Verbreitungsgebiet meist truppweise wächst. Sie gilt als Halbschattbaumart und ist in ihrer Jugend sehr langsam wüchsig. Bewährt hat sich das Pflanzensortiment 2/0 mit einer Höhe von ca. 20 cm. Vorteilhaft ist die Verwendung von Containerpflanzen. In Frankreich ist der Pflanzverband 2,5 x 2,5 m üblich.

Ihre Verwandte, die Libanonzeder, ist lichtbedürftiger und wächst nur auf Kalk. Ihre Einsatzmöglichkeit ist daher sehr begrenzt.

Die Baumhasel

Man findet sie häufig als Straßenbaum, in unseren Wäldern ist sie bis jetzt allerdings eine absolute Rarität. Das könnte sich ändern, wird sie doch als eine der Baumarten angesehen, die mit dem Klimawandel sehr gut zurechtkommen könnte. Sie ist widerstandsfähig gegen abiotische und biotische Schäden, anspruchslos an den Boden, extrem trockenstresstolerant und resistent gegen Winter- und Spätfröste.

In ihrem natürlichen Verbreitungsgebiet (Balkanhalbinsel, Norden der

Türkei, Kaukasus und bis nach Afghanistan) wächst die Baumhasel sowohl auf Kalk- als auch Silikatgestein, selbst auf flachgründigen, trockenen, nährstoffarmen Böden. Ausschlussgründe sind nasse und wechselfeuchte Standorte.

Ihr Holz mit der einzigartigen Rotfärbung ist sehr wertvoll und Ursache ihrer extremen Übernutzung. Die Baumhasel wächst wipfelschäftig und bildet wie Pappel oder Erle einen geraden Stamm aus. Sie gilt als Halbschattbaumart und ist daher auch für den Anbau auf Freiflächen geeignet.

> Die Baumhasel kann ein wichtiger Baustein zur klimastabilen Gestaltung unserer Wälder sein. Wir sollten sie an passender Stelle berücksichtigen.

Aufgrund ihrer Ökologie und Seltenheit ist sie anderen Baumarten einzeln, trupp- und horstweise beigemischt. Bewährt haben sich Pflanzverbände von 3 x 3 m bis 2,5 x 1 m. Extreme Weitverbände (6 x 6 m) werden negativ bewertet. Wegen intensiver Wurzelbildung sollten die Pflanzsortimente bei der Pflanzung nicht älter sein als zwei Jahre mit einer Größe zwischen 50–80 cm. Ausreichende Feuchtigkeit der Wurzeln vor und während der Pflanzung ist für den Anwuchserfolg notwendig.

Verbissschutz ist obligatorisch. Ebenso sollte die Baumhasel, da sie früh austreibt, vor dem 1. April gesetzt werden. Auf stark unkrautwüchsigen Böden haben sich zusätzliche Mulchplatten sehr bewährt.

Die Baumhasel kann als Ergänzung der Naturverjüngung einzeln oder truppweise eingebracht werden. Besonders sind Bestände mit Buche, Traubeneiche, Spitzahorn, Linde etc. geeignet.

NEUE BAUMARTEN FÜR SPEZIELLE STANDORTE

Gelegentlich werden als mögliche neue Baumarten auch die Schwarznuss und die Hybridnuss genannt. Beide Baumarten, vor allem die Schwarznuss stellen höchste Ansprüche an eine gute Nährstoff- und Wasserversorgung. Ebenso brauchen sie später eine kenntnisreiche Pflege. In diesem Sinne sind diese Baumarten etwas für den waldbaulichen Experten und nichts für normale Verhältnisse.

Anders verhält es sich mit der Schwarzkiefer. Sie stammt aus Südeuropa und hat ein bemerkenswert hohes Widerstandspotenzial gegen Trockenheit. Sie wurde erstmals

1818 bei Münster in Westfalen angebaut. Heute ist sie vor allem auf trockenen, steinigen und flachgründigen Kalkstandorten zu finden. Sie wächst auch auf silikatischem Ausgangsgestein, ungeeignet sind nasse und wechselfeuchte Standorte.

Bemerkenswert ist ihre Genügsamkeit. Sie kommt noch mit Sommerniederschlägen (Juni bis August) von lediglich 130 mm und Sommertemperaturen über 19 °C zurecht. Bedingungen, bei denen unsere Waldkiefer kaum mehr gedeiht.

Als ausgesprochene Lichtbaumart ist sie besonders zur Aufforstung von Freiflächen auf extremen Standorten geeignet.

Problematisch ist ihre Waldschutzsituation. Nach Trockenperioden und in Reinbeständen nimmt ihre Schadanfälligkeit deutlich zu. In den letzten Jahren ist es zu starken Schäden durch das Diplodia-Triebsterben gekommen. Die Nadeln werden braun und die Triebe, Äste und Kronen sterben ab. Ebenso können die Kiefernbuschhornblattwespe, der Kiefernprozessionsspinner sowie der Große und Kleine Waldgärtner zu erheblichen Problemen führen.

Nach bisherigen Erkenntnissen ist für einen erfolgreichen Schwarzkiefernanbau die Herkunft von entscheidender Bedeutung. Besonders geeignet scheinen die Herkünfte aus Korsika und Kalabrien zu sein.

NEUE BAUMARTEN FÜR DIE WISSENSCHAFT

In den Fokus der Wissenschaft sind eine ganze Reihe von Baumarten gekommen. Zu nennen sind hier beim Nadelholz: Griechische Tanne, Gelbkiefer, Nordmannstanne, Scheinzypresse und Riesenlebensbaum.
Beim Laubholz: Zerreiche, Ungarische Eiche, Manna-Esche, Orientalische Platane, Silberlinde und Sumpfesche.

Bei aller Experimentierfreudigkeit, diese Baumarten sollten ausschließlich nur unter wissenschaftlicher Begleitung angebaut werden. Anbauwürdigkeit, Anbaufähigkeit, klimatische Eignung, Invasivität etc. sind bis jetzt ungeklärt. Die Erfahrungen mit der Spätblühenden Traubenkirsche sollten hier uns Mahnung sein. Angebaut wegen ihrer Wüchsigkeit und ihres wertvollen Holzes, zeigte sich eine extreme Invasivität, u. a. durch ihre Eigenschaft zur Bildung von Wurzelbrut und ihrer Fähigkeit zum Stockausschlag. Massive Schäden an der einheimischen Flora und Fauna waren die Folge. Vor einigen

Jahren setzte man in Berlin sogar Bagger ein, um die Wurzelstöcke der Spätblühenden Traubenkirsche entfernen zu können.

Wegen diesem Gefahrenpotenzial sollte man grundsätzlich mit dem Anbau fremdländischer Baumarten ohne ausreichende Erfahrung und Kenntnis vorsichtig sein. So sind nach bisherigem Stand folgende Baumarten für einen Anbau ungeeignet:

- Laubholz: Blauglockenbaum, Eschenahorn, Götterbaum, Silberahorn und spätblühende Traubenkirsche
- Nadelholz: Strandkiefer, Serbische Fichte, Sitkafichte, Chinesische Kiefer und Kaukasus-Fichte

Auch Laubhölzer brauchen Pflege.

Foto: Walter Schubach

Das Wichtigste in Kürze

Mit der Küstentanne und insbesondere mit der Douglasie haben wir zwei bewährte neue Baumarten, die bei passender Standortwahl ein wichtiger Baustein in der klimastabilen Gestaltung unserer Wälder sein können. Aber auch Atlaszeder und Baumhasel verdienen unsere besondere Aufmerksamkeit. Sie laden ein zum Experimentieren, am besten in einem geförderten Praxisanbauversuch.
Keinesfalls dürfen wir aber die Fehler von früher machen, einheimische Baumarten müssen immer Vorrang haben.

WER DEN WEG NICHT KENNT, KANN DAS ZIEL NICHT FINDEN

Strukturreiche, klimastabile und ertragreiche Mischwälder möchte nahezu jeder Waldbesitzer. Konkrete Gedanke darüber, was im Wald dafür zu tun ist, machen sich jedoch nur wenige.

Man lässt den Wald als Sparkasse wachsen. Ein Holzeinschlag wird gemacht, wenn etwas Geld für eine Anschaffung gebraucht wird, Käferholz aufgearbeitet werden muss oder Brennholz für den kommenden Winter benötigt wird. Von den Bedürfnissen des Waldes geht man nur selten aus, man kennt oder sieht sie nicht. Der Altbestand, wo dringend die Verjüngung eingeleitet werden sollte, der Jungbestand, der dringend der Pflege bedarf, damit die beigemischten Buchen und Tannen nicht untergehen, die Fichten ihre stabilen Kronen nicht verlieren.

Dabei ist es im Wald wie in der Wirtschaft. Will man ein bestimmtes Ziel erreichen, ist eine sorgfältige und profunde Analyse der Verhältnisse das A und O aller Maßnahmen. Ohne eine Analyse der Verhältnisse ist es nicht möglich, die notwendigen waldbaulichen Schritte zu ergreifen.

Hat man nicht selbst die erforderlichen Fachkenntnisse, kann man sich bei verschiedenen Stellen Hilfe bzw. Unterstützung holen. Flächendeckend bietet der Staat eine kostenlose neutrale Beratung durch den Förster an. Wichtig, denn der staatliche Förster hat keinerlei Interesse an irgendwelchen Holzvermittlungsgeschäften. Ebenso kann man sich an die örtlich zuständige Waldbesitzervereinigung (Forstbetriebsgemeinschaft) wenden. Diese sind Selbsthilfeeinrichtungen, die in der Regel nahezu alle im Wald notwendigen Dienstleistungen anbieten. Von der Vermittlung von forstlichen Unternehmern und Forstpflanzen, Holzverkauf und sonstigen benötigtem Bedarf, alles, was man für eine fachgerechte Bewirtschaftung des Waldes bedarf.

Hat der staatliche Förster für eine gründliche Begehung keine Zeit, ist es sinnvoll, seinen Wald durch einen Forstsachverständigen analysieren zu lassen. Das kostet zwar etwas Geld, aber das Auto gibt man auch regelmäßig in eine Fachwerkstatt zur Inspektion. Und ganz nebenbei, Ihr Wald ist vermutlich wertvoller als Ihr Auto.

In manchen Ländern wie zum Beispiel in Bayern wird die Erstellung von Forstbetriebsgutachten sogar staatlich gefördert. Fragen Sie ihren Förster.

Sorgen Sie für eine sachkundige Analyse Ihres Waldes. Nur so ist ein naturnaher, zielgerichteter Waldbau möglich.

Die sorgfältige Analyse der Verhältnisse macht es möglich, die notwendigen waldbaulichen Schritte zu setzen. Foto: Camilo Contreras/Unsplash.com

WIR GEHEN ES AN: NATURNAHER WALDBAU IM KLIMAWANDEL

In nahezu jeder Verlautbarung einer staatlichen Forstverwaltung oder einer privaten Waldbesitzerorganisation fallen die Stichwörter „Naturnaher Waldbau“ bzw. naturnahe Waldbewirtschaftung. Sie sind als verbindliche Bewirtschaftungsform anerkannt und werden nicht in Frage gestellt. Aber, was ist eigentlich „Naturnaher Waldbau“? Eine gute Definition findet sich im Waldbaukonzept des schweizerischen Kantons Aargau: „Naturnaher Waldbau orientiert sich an den natürlichen Grundlagen wie Boden, Klima und Waldgesellschaften und nützt natürliche Abläufe wie Naturverjüngung und Selbstdifferenzierung. Je weniger in natürliche Prozesse eingegriffen wird, desto tiefer sind Aufwand und Risiken, um bestimmte Ziele zu erreichen. Der unberührte Waldboden ist die Produktionsgrundlage, welches es zu erhalten gilt. Plantagen, Pestizide und Gentechnik sind nicht erlaubt.“ In Baden-Württemberg wie auch in anderen Landesforstverwaltungen wurden zur Konkretisierung eines naturnahen Waldbaus sechs wesentlichen waldbauspezifische Kernelemente definiert.

Kernelemente des naturnahen Waldbaus

- Naturnahe und standortsbezogene Baumartenwahl
- Ökologische und physikalische Stabilität der Wälder
- Mischwaldprinzip und Stufigkeit
- Schwerpunkt Naturverjüngung
- Waldbaulich tragbare bzw. angepasste Wildbestände
- Qualitäts- und stabilitätsorientierte Pflege der Bestände

So können wir die Wälder schrittweise an die durch den Klimawandel sich veränderten Bedingungen anpassen. Neben den bisherigen Handlungsprinzipien wie zum Beispiel einer standortgerechten Baumartenwahl müssen wir die Anpassungsfähigkeit des Waldes an die Klimaerwärmung gezielt fördern.

HANDLUNGSFELDER FÜR EINE KLIMASTABILE, ZUKUNFTSFÄHIGE GESTALTUNG DER WÄLDER

Klimastabile, zukunftsfähige Wälder, was heißt das eigentlich? Bedeutet dies, dass wir bereits jetzt Wälder wie wir sie in der Provence gesehen haben, anstreben? Nein, dies ist nicht möglich, aber auch nicht zielführend. Viele Baumarten aus der Provence wie zum Beispiel die Seekiefer, die Flaumeiche und andere sind für unsere jetzigen klimatischen Verhältnisse noch gar nicht geeignet. Klimastabile, zukunftsfähige Wälder bedeutet vielmehr, dass wir gestufte, gemischte Wälder mit einem möglichst hohen Anteil trockenheits- und wärmetoleranter heimischer Baumarten, örtlich angereichert mit passenden neuen Baumarten, anstreben. Die Erfahrungen aus den bisherigen Trocken- und Hitzejahren haben eindrucksvoll gezeigt, wie gemischte Wälder wesentlich resilienter gegen diese Art von Störungen sind. Ganz im Gegensatz zu den Reinbeständen aus Fichte oder Kiefer erholten sie sich viel schneller.

Für eine klimastabile, zukunftsfähige Gestaltung des Waldes im Rahmen eines naturnahen Waldbaus lassen sich insgesamt fünf Handlungsprinzipien identifizieren:

- Erhöhung der Baumartenvielfalt mit zukunftsfähigen Baumarten. Bei der Baumartenwahl orientieren wir uns vorrangig an heimischen Baumarten. Mit 39 heimischen Baumarten, davon knapp 20 mit einer hohen bis sehr hohen Temperaturtoleranz, haben wir eine breite Baumartenpalette zur Verfügung. Dort, wo notwendig oder angezeigt, beteiligen wir auch neue Baumarten, jedoch stets nur im bemessenen Umfang. Grundsätzlich streben wir Mischbestände mit mindestens vier verschiedenen Baumarten (4+-Regel) an. Erwiesenermaßen sind Mischbestände störungs- und stressresistenter und erholen sich nach Störungen rascher als Reinbestände.
- Erhöhung der Strukturvielfalt durch kleinflächige, femelschlagartige Bewirtschaftung. Reich strukturierte Wälder sind weniger störanfällig und erholen sich dank vorhandener Vorausverjüngung rascher von Störungen.
- Erhöhung der genetischen Vielfalt, weil sie die Anpassungsfähigkeit der jeweiligen Baumart an das sich verändernde Klima fördert.
- Erhöhung der Stabilität der Einzelbäume, weil stabile Bäume weniger anfällig sind für Stürme und Schneelast.
- Reduktion der Umtriebszeit und vorzeitige Verjüngung bei besonders gefährdeten Baumarten wie zum Beispiel der Fichte. Sie hat sich mit zunehmendem Alter als besonders störanfällig und gefährdet gezeigt (Stichwort Borkenkäfer).

Diese Handlungsprinzipien sind, je nachdem man sich in welcher waldbaulichen Ausgangsposition befindet, entsprechend anzuwenden. Nicht nur in der Waldverjüngung, sondern auch in den anderen klassischen forstlichen Handlungsfeldern wie Pflege und Durchforstung können wir viel für eine klimatolerante Gestaltung des Waldes bewirken.

Handlungsfelder für die Anwendung der fünf waldbaulichen Handlungsprinzipien. Je größer der Kreis, desto mehr bewirken gezielte Eingriffe (Schema nach Allgaier Leuch)

Handlungsprinzip	**Handlungsfeld**		
	Verjüngung	**Pflege**	**Durchforstung**
Baumartenvielfalt	●	●	
Strukturvielfalt	●		●
Genetische Vielfalt	●		
Stabilität Einzelbäume			●
Reduktion Umtriebszeit	●		●

Klar ersichtlich ist, eine klimastabile Gestaltung des Waldes reduziert sich nicht, wie oft gedacht, nur auf die Waldverjüngung. Wir sollten die anderen Möglichkeiten nutzen, deutlich mehr als bisher.

WALDVERJÜNGUNG

Die Waldverjüngung ist eine der zentralen Möglichkeiten, unseren Wald klimastabil zu gestalten. Neben der Wahl von zukunftsfähigen Baumarten spielt, was häufig zu wenig beachtet wird, auch die Art und Weise, wie die Bestände verjüngt werden, eine maßgebliche Rolle. Kleinflächige Hiebsmaßnahmen fördern bzw. ermöglichen erst Strukturvielfalt. Und Strukturvielfalt erhöht, wie man inzwischen weiß, die Resilienz gegen Störungen.

Kleinflächige, strukturreiche Naturverjüngung eines Altbestandes
Foto: Walter Schubach

Naturverjüngung und Pflanzung

Grundsätzlich können wir Wälder durch Naturverjüngung, Saat oder Pflanzung verjüngen. Die Saat, gelegentlich in großen Forstbetrieben zur Begründung von Eichenbeständen praktiziert, möchte ich hier außen vorlassen. Mangels Saatgut bzw. fehlender Technik spielt sie im kleineren Privatwald keine Rolle.

Interessant ist, dass die Wälder nach den Ergebnissen der 4. Bundeswaldinventur zu 60 % natürlich verjüngt werden (Jungbestände ohne Schirm). Große Unterschiede zwischen Laub- und Nadelholz bestehen dabei nicht. Betrachten wir die einzelnen Baumarten, zeigen sich jedoch markante Unterschiede. Während Buche überwiegend natürlich verjüngt wird (Anteil Pflanzung nur 25 %), wird Eiche im Wesentlichen (72 %) gepflanzt. Fichte, die in den Jungbeständen einen überraschend hohen Anteil von 26 % besitzt, wird zu 74 % natürlich verjüngt. Angesichts dieses hohen Fichtenanteils kann man nachdenklich werden. Es scheint noch nicht überall bekannt zu sein, dass gerade die Fichte eine schwierige, problematische Zukunft vor sich hat. Offensichtlich besteht noch viel Informationsbedarf. Fichtenpflanzungen, die nahezu einen so hohen Flächenanteil wie Eichenpflanzungen haben, werden fast ausschließlich im Privatwald vorgenommen (88 %).

Buchen-, Tannen- und Fichtenverjüngung Foto: Walter Schubach

Naturverjüngung des Waldes ist, wenn sie möglich ist, ein großer Schatz, den es unbedingt zu fördern und zu erhalten gilt. Sie kostet nichts, liefert eine enorme Zahl an Samen und Sämlingen, sorgt für genetische Vielfalt und damit für eine gute zukünftige Anpassungsfähigkeit. Ebenso ist sie weit weniger verbissgefährdet als Pflanzen aus der Baumschule. Dem Rehwild schmeckt sie einfach nicht so gut.

Bei der Naturverjüngung haben die einzelnen Baumarten unterschiedliche Ansprüche an Boden und Licht. Diese Ansprüche sind zu beachten. So verjüngen sich Kiefer, Lärche und Birke meist auf Freiflächen, Tanne und Buche im Schatten des Altholzes und Fichte im Halbschatten des Waldsaums. Daher wird bei Kahlschlag eher Kiefer, Lärche und Birke begünstigt, durch Entnahme einzelner Stämme Tanne und Buche.

Für ein Arbeiten mit Naturverjüngung sind grundsätzlich folgende Voraussetzungen notwendig:

- Zukunftsfähige Altbäume im Altbestand
- Aufnahmefähiger Boden (Keimbett)
- Kleinklima (Licht und Feuchtigkeit)
- Wildverbiss in tragfähiger Höhe

Kommt man zum Beispiel bei einem Fichten-Buchen-Tannen-Altholzbestand zur Entscheidung, die Naturverjüngungsmöglichkeiten zu nutzen, empfiehlt sich folgendes Vorgehen:

Am besten im Frühjahr, etwa von April bis Juni, geht man über die Fläche und zählt am Boden die Sämlinge der Baumarten. Bewährt hat sich, die Sämlinge mit farbigen Zellstoffbändern zu markieren. Für Buche nimmt man evtl. rot, für Tanne gelb usw. Hierdurch bekommt man einen guten Überblick über die Verjüngungssituation des Waldes. Ist der Wald zu groß, kann man über die Fläche auch ein einfaches Stichprobennetz legen. Schrittmaß ist hierfür vollkommen ausreichend. Ergeben sich im Durchschnitt ca. ein Sämling pro Quadratmeter, ist dies absolut ausreichend. Danach können Sie wie in nachfolgender Tabelle vorgehen.

Waldbauliche Behandlung und Nutzung eines Naturverjüngungsbestands

Zeitpunkt/ Bedingung	**Maßnahme im Altbestand**	**Maßnahme in der Verjüngung**
Ab sofort	Markierung der Feinerschließung	Markierung der Sämlinge
Ab Herbst	Gruppenschirmstellung	Kontrolle der Sämlinge; ggf. Zäunung oder Weiserzaun
Ab Herbst in vier Jahren	Nachlichten entsprechend Lichtbedarf	

Die Waldverjüngung gelingt nur, wenn der Wildbestand sich für den Wald in einer tragbaren Höhe bewegt. Gibt es zu viel Wild, werden die Leittriebe der jungen Bäumchen verbissen, die Verjüngung entmischt sich. In einer ehemals reich gemischten Verjüngung aus Tanne, Buche, Fichte etc. bleibt überwiegend nur Fichte übrig. Rehe, die Feinschmecker unter den Wildtieren, bevorzugen junge Tannen und Laubbäume. Fichten werden aufgrund ihrer spitzen Nadeln eher gemieden. Tannen sind für Rehe wie für uns ein Schnitzel, Fichten nur wie ein trockenes Brot.

Ist ein zu hoher Verbiss gegeben, bleibt nur die Zäunung der Fläche übrig. Sie ist teuer und aufwendig, als kurzfristige Maßnahme aber unabdingbar. Langfristig sollten wir uns jedoch auf den Weg machen und uns für waldangepasste Wildbestände eintreten. Viele Beispiele aus der Praxis zeigen, es ist möglich.

So schön und erstrebenswert Naturverjüngung auch ist, in vielen Fällen brauchen wir eine Kombination aus Naturverjüngung und Pflanzung, wenn wir zukunftsfähige, gemischte und gestufte Waldverjüngungen (4+-Regel) erzielen wollen. Wenn Baumarten in der Naturverjüngung fehlen, können wir sie durch Pflanzung anreichern und damit zukunftsfähiger gestalten. Nehmen wir zum Beispiel eine Fichtennaturverjüngung, wie wir sie oft im Wald vorfinden. Ist die Fichte ungefähr wadenhoch, kann sie bei passendem Standort mit Douglasie im Weitverband (5 x 5 m) überstellt werden. Fehlstellen können mit Bergahorn, Kirsche oder anderen Baumarten ergänzt werden. Unserer Fantasie sind dabei fast keine Grenzen gesetzt.

Baumartenwahl, Verjüngungsziele und Mischungsformen

Baumartenwahl

Bei der Waldverjüngung ist die entscheidende und zunächst wichtigste Frage, aus welchen Baumarten der Folgebestand bestehen soll. Eine Vielzahl von Faktoren ist dabei zu beachten, ist doch die Wahl der Baumarten die anspruchsvollste Aufgabe in der Forstwirtschaft. Mit unserer Entscheidung legen wir für viele Jahrzehnte fest, welche Baumarten wachsen und damit, wie zukunftsfähig er ist, welche Waldschutzrisiken für ihn bestehen, ob er Erträge abwerfen kann, ob er wertvoll für den Naturschutz ist.

Die wichtigsten Kriterien, die zu beachten sind:

- Die Baumarten müssen standortsgemäß sein.
- Unsere Wahl der Baumarten sollte zukunftsfähig sein.
- Ein hoher Anteil unserer Baumartenmischung sollte standortsheimisch sein.
- Die Baumarten müssen den gegebenen waldbaulichen Möglichkeiten entsprechen.
- Zudem sollen die von uns begründeten Wälder einmal ertragreich bewirtschaftet werden können.

Standortgemäße Baumarten sind für den Boden mit seiner Nährstoff- und Wasserversorgung geeignet. Edellaubholz auf nährstoffarmen Sanden oder Douglasie auf vernässte Böden zu pflanzen ist verfehlt. Auskunft über die Standortsverhältnisse bekommen wir zum Beispiel in Bayern vom staatlichen Förster oder der Waldbesitzervereinigung. Flächendeckend wurden vor einigen Jahren die Wälder in Bayern standortskartiert.

Zukunftsfähige Baumarten sollen mit den zu erwarteten höheren Temperaturen zurechtkommen. In den deutschen Bundesländern und in Österreich hat man hierzu verschiedene Hilfsmittel zur Risikoabschätzung entwickelt. In Bayern gibt es von der Forstverwaltung für Waldbesitzer im Internet den digitalen Baumexperten, wo die regionale Baumarteneignung überprüft werden kann. Das Pendant hierzu ist in Österreich die Baumartenampel. Beiden Systemen ist eigen, dass sie von sehr optimistischen Szenarien ausgehen. In Bayern ist eine durchschnittliche Temperaturerhöhung von 1,8 °C, in Österreich von 2,3 °C unterstellt. Da wir bereits 1,7 °C haben, sollten wir einen strengeren Maßstab, insbesondere bei der Fichte, anlegen. Denken wir allein an den Borkenkäfer, der mit seiner Vitalität schon jetzt zum entscheidenden Standortsfaktor geworden ist.

Am besten und sichersten ist, wenn wir eine Art Gemischtwarenladen führen, ganz nach dem Motto: „Wer streut, rutscht nicht."

In Baden-Württemberg gibt es Baumarteneignungskarten, differenziert nach den verschiedenen Klimaszenarien. Für die Planung sind sie eine sehr wertvolle Hilfe. Man kann mit ihnen sehen, wie sich bei den unterschiedlichen Klimaszenarien die Baumarteneignung verändert. Bei einem harten Klimawandel, auf dessen Pfad wir uns derzeit befinden, ist die Fichte auf nahezu allen Standorten in Baden-Württemberg nicht mehr geeignet. Sie ist gegen den Borkenkäfer mehr oder weniger chancenlos.

Standortsheimische Baumarten bestehen aus der potenziellen natürlichen Vegetation. Schon allein aus unserem Leitbild des naturnahen Waldbaus sind wir hierzu verpflichtet. Aber nicht nur deswegen, wir senken damit deutlich die Waldschutzrisiken.

Größere Kahlflächen mit ihren extremen klimatischen Verhältnissen (Hitze, Frost etc.) sind zum Beispiel für Buche, die den Schatten des Altbestandes bedarf, völlig ungeeignet.

Da wir jedoch nicht wissen, welche Hölzer einmal gebraucht werden, können wir hier nur spekulieren. Zu oft hat es, wenn wir in die Vergangenheit blicken, gravierende Änderungen gegeben. Wer weiß noch, dass früher die Bahnschwellen aus Buchenholz waren, es einen großen Absatzmarkt für das sogenannte Grubenholz im Bergbau gab? Papierholz, lange bei Fichtenschwachholz der Renner, scheint durch die Digitalisierung ein Auslaufmodell zu sein. Gehen wir deshalb auf Nummer sicher und setzen uns als Ziel, Hölzer mit qualitativ hochwertigen Eigenschaften aus einer Vielzahl von Baumarten zu produzieren.

Bei dieser Ausgangslage muss man pflanzen, um einen klimastabilen Wald zu bekommen.
Foto: Walter Schubach

Verjüngungsziele

In Abhängigkeit der waldbaulichen Ausgangssituation, dem Standort und unseren eigenen Wünschen und Vorstellungen ergibt sich eine Vielzahl von möglichen zukunftsfähigen Verjüngungszielen. In ihren Grundformen lassen sie sich auf einige wenige Basis-Verjüngungsziele zusammenführen. Entscheidend ist, dass die Baumartenkombinationen zueinander passen und keine Baumart einen zu hohen Stellenanteil besitzt. Die negativen Erfahrungen mit den Reinbeständen sollten uns Mahnung sein.

Von diesen Basis-Verjüngungszielen ausgehend, können wir diese entsprechend der örtlichen Situation und unseren Vorstellungen entsprechend anpassen.

Basis-Verjüngungsziele

Eichenverjüngungsziel

40–70 %	Traubeneiche/Stieleiche	Bei führender Eiche ist eine reiche Beimischung anderer Laubhölzer, u. a. aus Gründen des Waldschutzes, zwingend erforderlich.
10–40 %	Buche, Hainbuche, Winterlinde	
10–40 %	Feldahorn, Spitzahorn, Kirsche, Elsbeere etc.	

Buchenverjüngungsziel

40–80 %	Buche	Buchennaturverjüngung sollte regelmäßig mit Mischbaumarten angereichert werden.
0–40 %	Eiche-Bergahorn, Spitzahorn, Kirsche, Sommer-Winterlinde	
0–40 %	Nadelholz (Tanne, Douglasie, Fichte, Lärche etc.)	

Edellaubholzverjüngungsziel

Entsprechend der standörtlichen Verhältnisse Mischungen aus Kirsche, Bergahorn, Sommer- und Winterlinde, Spitzahorn etc.	Immer auf ausreichenden Nebenbestand aus Laubschattholz achten.

Fichtenverjüngungsziel

Bis max. 40 %	Fichte	Ausgehend von unseren vielen führenden Fichtenbeständen wird es oft unvermeidlich sein, dass auch die Nachfolgebestockungen einen gewissen Fichtenanteil besitzen. Eine Begrenzung ihrer Beteiligung ist jedoch unerlässlich.
0–30 %	Douglasie	
0–30 %	Tanne	
20–50 %	Buche, Bergahorn, Kirsche, Linde etc.	

Douglasienverjüngungsziel

40–70 %	Douglasie	Der Fehler, Reinbestände zu begründen, sollte sich bei Douglasie nicht wiederholen. Eine wirksame Beimischung von Laubholz ist notwendig.
20–50 %	Buche	
20–50 %	Kirsche, Bergahorn, Winterlinde, Traubeneiche etc.	
0–20 %	Fichte	

Diese Basis-Verjüngungsziele sind nur ein Anhaltspunkt für die Planung. Für eine konkrete Umsetzung müssen sie natürlich an die jeweilige Ausgangssituation und den Vorstellungen des Waldbesitzers angepasst werden. In besonderen Situationen kann es auch angebracht sein, ein völlig anderes Verjüngungsziel zu formulieren. Beim Umbau eines Kiefernbestandes kann auch an einen Roteichenbestand gedacht werden.

Außer der Douglasie, die praktisch schon in den Waldbau integriert ist, sind die neuen Baumarten nicht ei-

Douglasienbestand mit einzeln beigemischtem Laubholz Foto: Walter Schubach

gens aufgeführt. Es macht jedoch Sinn, Baumarten wie Baumhasel, Küstentanne, Atlaszeder und Co. an passender Stelle in unserer Planung zu beteiligen.

Mischungsform

Für das Gelingen von Mischbeständen ist die Form der Mischung von entscheidender Bedeutung.

Zahlreiche Beispiele zeigen uns: Werden Baumarten in unzweckmäßiger Form miteinander gemischt, bleiben oft nur Reinbestände übrig. In bester Absicht pflanzte man früher zum Teil eine Vielzahl von Baumarten einzeln nebeneinander, Erfolg hatte man jedoch nicht. Mit der Zeit verschwanden die meisten der gepflanzten Bäume.

Warum ist das eigentlich so? Erahnen kann man es bei dem abgebildeten Douglasienjungbestand mit den einzeln beigemischten Laubhölzern. Am Anfang, als die Kultur gepflanzt wurde, waren es noch wesentlich mehr Laubhölzer. Im Laufe der Zeit spielte die Douglasie jedoch ihre Wuchsüberlegenheit aus, die meisten der beigemischten Laubhölzer verschwanden. Absehbar ist, dass auch die noch vorhandenen Laubhölzer den Konkurrenzkampf mit der Douglasie verlieren werden, soweit ihnen nicht geholfen wird.

Jede Baumart hat einen unterschiedlichen Wachstumsgang. Pionierbaumarten wie etwa Birke oder Kiefer wachsen in der Jugend sehr schnell, im Alter lässt das Wachstum dann rasch nach. Bei Schattbaumarten wie Tanne und Buche ist es genau umgekehrt. In der Jugend wachsen sie zunächst langsam. Mischt man unterschiedliche Baumarten einzeln miteinander, sogenannte Buntmischungen, beginnt ein harter Konkurrenzkampf zwischen ihnen um einen Platz an der Sonne. Gewinnen wird die Baumart mit dem schnellsten Wachstum.

Wenn wir dauerhafte Mischungen im Hauptbestand erreichen wollen, tun wir deshalb gut daran, diese Größe (10 x 10 m) bzw. ein Vielfaches hiervon als Mindestfläche anzusetzen.

Für eine dauerhafte Mischung müssen wir deshalb vom Ende her Denken, vom Altbaum. Je nach Wachstumsbedingungen und Alter haben die Bäume unterschiedliche Kronendurchmesser. Eine gute Erfahrungszahl, insbesondere beim Laubholz, sind ca. 10 m für den Kronendurchmesser eines Altbaumes.

Bei Tannen und Eiben haben sich truppweise Pflanzungen bewährt (zum Beispiel neun Stück im Verband 2,5 x 2 m).

Voranbau von Mischbaumarten in Fichtenreinbeständen

Im Zuge des Klimawandels sind besonders Fichtenreinbestände von Borkenkäfer und Dürre gefährdet. Es ist daher sinnvoll, diese Bestände rechtzeitig zu klimastabilen Mischbeständen umzubauen. Ein hervorragendes Mittel hierfür ist der Voranbau von Tanne, Buche, Eibe, oder auch Hainbuche oder Linde im Schutz des Altbestandes. Unter dem Schirm des Altholzes werden die gewünschten Schattbaumarten gepflanzt.

Sollten die alten Fichten vom Borkenkäfer befallen werden oder aus anderen Gründen ausfallen, haben wir bereits eine wirkungsvolle Verjüngung und können Kahlflächen mit all ihren negativen Auswirkungen vermeiden.

Zeitpunkt

Eine wichtige Frage ist, ab wann es sinnvoll ist, mit dem Voranbau zu beginnen. In früheren Zeiten begann man mit ihm bei beginnender Hiebsreife der Fichte, also im Alter von ca. 80 bis 90 Jahren. Jetzt, mit der akuten Gefährdungslage der Fichte, macht es Sinn, wesentlich früher zu beginnen. Selbst in Fichtenbeständen mit einem Alter von ca. 50 bis 60 Jahren, früher klassische Durchforstungsbestände, kann mit dem Voranbau schon begonnen werden. Der große, unschätzbare Vorteil von Tanne, Eibe und Buche ist, dass sie über Jahrzehnte unter dem Schirm des Altbestandes im Schatten wachsen können. Gleichzeitig kann die Fichte des Altbestandes noch weiter an Stärke zulegen.

Planung und Ausführung

Haben wir uns grundsätzlich für einen Voranbau entschieden, müssen wir zunächst überlegen, welche Baumartenkombination, d. h. welches Verjüngungsziel, wir uns für den Folgebestand vorstellen.

Nehmen wir an, es handelt sich um einen ca. 70-jährigen Fichtenbestand auf mäßig frischem Lehm mit guter Nährstoffversorgung im Vorderen Bayerischen Wald in einer Höhenlage von ca. 400 m. Nach Beratung mit dem Förster kommen wir zu folgendem gewünschten Verjüngungsziel:

30 % Buche 15 %Tanne 5 % Eibe
20 % Fichte 20 % Douglasie
10 % Kirsche

Aus dieser angestrebten Baumartenkombination ergibt sich in etwa folgender Verjüngungsgang: Zunächst wird Buche, Tanne und Eibe gruppen- und truppweise (Tanne, Eibe) im Zuge des Voranbaus eingebracht. Der gewünschte Fichtenanteil wird sich im Laufe der Zeit durch Naturverjüngung einstellen. Später, nach etlichen Jahren des Verjüngungsganges, kann angekommene Fichtennaturverjüngung mit Douglasie angereichert werden. Am Ende, zum Abschluss der Verjüngung, können vorhandene Fehlstellen mit Douglasie und/ oder Kirsche ausgepflanzt werden.

Die Darstellung des Verjüngungsganges eines Fichtenbestandes im Wege des Voranbaus zeigt, für das Gelingen braucht es eine sorgfältige Planung und Ausführung. Die einzelnen Schritte werden deshalb ausführlich dargestellt:

- Auswahl eines geeigneten Bestandes: Der Altbestand muss hinreichend stabil sein, um eine Überschirmungsdauer von zehn Jahren und mehr zu gewährleisten. Als Schirm kommen zur Verhütung von Sturmwurfschäden nur stabile und vitale Altbäume in Betracht. Flächen mit bereits vitaler Fichtennaturverjüngung scheiden in der Regel aus.
- Feinerschließung festlegen: Eine dauerhafte Feinerschließung ist notwendig. Rückegassen im Abstand von 30 m haben sich bewährt.
- Altbestand auflichten: Falls notwendig, Hiebsmaßnahmen in Form von Gruppenschirmstellungen vor der Pflanzung durchführen. Auf nährstoffreichen, gut wasserversorgten Standorten ist ein Voranbau auch unter geschlossenem Schirm möglich. Wo die Brombeere wächst, gedeiht auch die Tanne oder Eibe.
- Pflanzflächen festlegen und markieren: Sorgfältiges Markieren der Pflanzflächen zum Beispiel für Buche mit Bu, Tanne mit Ta etc.; ausreichenden Abstand zu den Rückegassen (mind. 5 m) belassen!
- Verbisssituation prüfen: Wenn notwendig (bei überhöhten Wildbeständen) Zaunbau oder bei geringen Pflanzahlen Einzelschutz.
- Pflanzung: Pflanzenbedarf je Baumart ermitteln (Fläche und Pflanzverband); Geeigneten Einschlagsort für die Pflanzen vorbereiten; Pflanzung (Lochpflanzung)
- Kontrolle: Zustand der Kultur ist laufend zu kontrollieren (Pflanzenausfall, ggf. notwendige Schutzmaßnehmen gegen Mäuse, Rüsselkäfer etc.)
- Pflege: Das Gelingen eines Voranbaus erfordert kontinuierliches und konsequentes Arbeiten. Sobald Lichtmangel festgestellt wird, ist über der Verjüngung nachzulichten.

Die Art des geschilderten Vorgehens ist in seinen Grundzügen und Abläufen für alle femelschlagartigen Verfahren (= Gruppenschirmstellungen) geeignet.

Schema eines Buchenvoranbaus (nach LWF-Merkblatt 26)

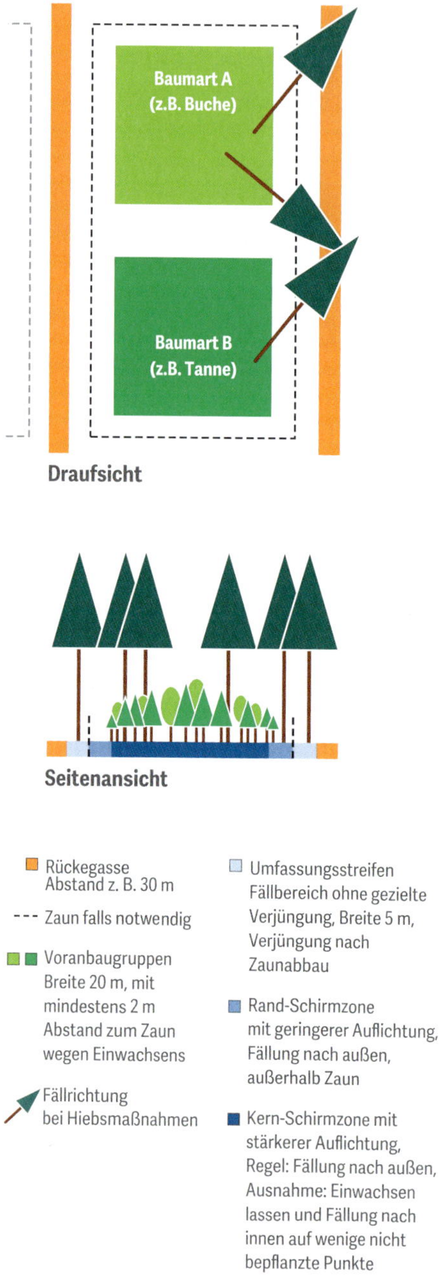

Fichtenaltholz mit Buchenvorausverjüngung Foto: Walter Schubach

Mit einem erfolgreichen Voranbau kann man Jahrzehnte in der klimastabilen Gestaltung des Waldes gewinnen. Aber, das gehört zur Ehrlichkeit, er ist ein anspruchsvolles Verjüngungsverfahren und nicht ohne Risiken. Forstfachlichen Rat einzuholen macht daher Sinn.

Behandlung von Freiflächen

Im Zuge der Trockenjahre sind durch Dürre und Borkenkäfer tausende von Hektar Kahlflächen entstanden. Manche wurden inzwischen bepflanzt, andere harren noch der Dinge. Und, es ist leider davon auszugehen, auch weiterhin werden neue Kahlflächen dazu kommen.

Kahlfläche nach Borkenkäferbefall Foto: Walter Schubach

In der Forstwirtschaft ist es eine uralte Frage, wie mit solchen Schadflächen am besten umgegangen werden soll. Es gab sie schon immer. Für die Frage, wie man mit solchen Flächen umgehen soll, können wir inzwischen auf eine Vielzahl von wissenschaftlichen Ergebnissen zurückgreifen.

Aus Untersuchungen weiß man, dass mind. 60 %, wahrscheinlich sogar 70–80 % der Kahlflächen sich innerhalb von fünf Jahren wieder bewalden, neuer Wald wächst also relativ schnell wieder nach. Eine Kahlfläche sollte man daher nicht sofort anpflanzen, sondern sorgfältig analysieren, ob nicht doch eine kostengünstige, zukunftsfähige Naturverjüngung zu erwarten ist.

Die natürliche Wiederbewaldung entsteht aus:

- den Verjüngungsvorräten unter dem Schirm des Vorbestandes (meist > 10.000 Bäumchen/ha)
- dem Samenreservoir im Oberboden
- dem Sameneintrag aus benachbarten Beständen

Handelte es sich zum Beispiel um einen durch Borkenkäfer abgestorbenen Fichtenbestand, wird auch in der Naturverjüngung die Fichte wieder dominant sein. An vielen Beispielen können wir dies im Wald beobachten.

Entscheidend für die Baumartenzusammensetzung der Naturverjüngung sind der Vorbestand und die angrenzenden Bestände.

Das Potenzial, inwiefern wir durch die angrenzenden Bestände nennenswerte Naturverjüngung erwarten können, kann durch die Entfernung der angrenzenden Altbäume abgeschätzt werden.

Potenzial Naturverjüngung

- Buche, Eiche: nur im direkten bzw. näheren Umfeld der Krone
- Fichte, Kiefer, Tanne: ungefähr bis eine Altbaumlänge
- Birke: bis ca. 50 m vom Mutterbaum, ab 150 m Tendenz gegen Null
- Vogelbeersamen sind auf den Transport durch Vögel angewiesen, Wahrscheinlichkeit für Ferntransport hängt damit sehr von „Ansitzwarten" wie Wurzelteller, Astholz etc. ab. Maximaldistanz hiervon ca. 100 m
- Weiden und Aspen sind durch Ferntransport praktisch überall präsent.

Sameneinträge aus den benachbarten Beständen tragen innerhalb der ersten drei bis maximal fünf Jahre nach dem Schadereignis zur Wiederbewaldung bei. Seitenschutz schafft günstige Voraussetzungen für die Schattbaumarten Buche und Tanne. Auf den weiter von den Bestandsrändern entfernten Flächen dominieren die Licht- und Pionierbaumarten.

Konkurrenzvegetation

Maßgeblichen Einfluss auf die Naturverjüngung hat die sich einstellende Bodenvegetation. Nach drei Jahren bedeckt die Bodenvegetation 80–100 % der Fläche. Nach fünf Jahren ist die Konkurrenzvegetation so stark, das keine Naturverjüngung mehr zu erwarten ist.

Entscheidungsweg für die Behandlung einer Kahlfläche

Um zu einer Entscheidung zu kommen, wie wir mit einer Kahlfläche verfahren sollen, analysieren wir zunächst die Baumartenzusammensetzung des Vorbestandes und die der angrenzenden Bestände mit ihrer ungefähren Entfernung. Kommen wir zur Entscheidung, eine zukunftsfähige Naturverjüngung könnte aufgrund der Gegebenheiten möglich sein, ist eine kleine Inventur der vorhandenen Naturverjüngung auf der Fläche angezeigt. Sie ist keine wissenschaftliche Untersuchung, einfaches Schrittmaß genügt völlig. Mit einer Stichprobe schauen wir, was schon an jungen Bäumchen (ab ca. 10 cm) auf der Fläche vorhanden ist. In den Inventurpunkten erfassen wir die Bäumchen nach Baumarten. Hierfür brauchen wir lediglich: Plan, Meterstab und Schreibzeug.

Flächenskizze Inventur Naturverjüngung (Beispiel)

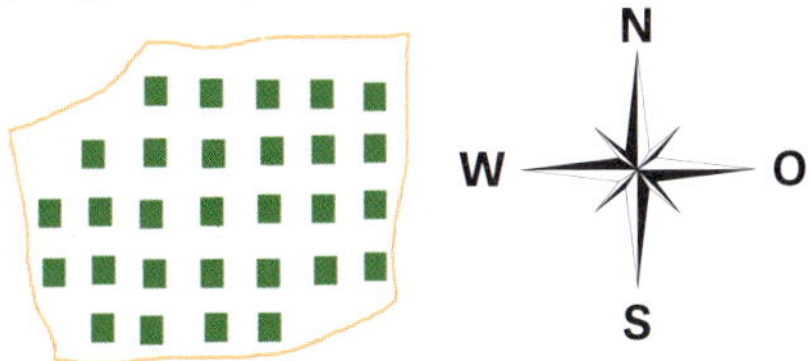

Auszug aus Aufnahmetabelle Flächenstichprobe

Aufnahme-punkt	Fichte	Tanne	Buche	Eiche	Ahorn	Birke	ohne Baum
1		x	x				
2							x
3	x						
4		x					
5			x				
6		x					
7			x				

Die Fläche ist zu 90 % schon jetzt mit 40 % Tanne 40 % Buche und 20 % Fichte bestockt.

Naturverjüngung Tanne und Buche auf Kahlfläche Foto: Walter Schubach

Die Entscheidung, wie wir mit der Fläche verfahren sollen, fällt uns daher leicht, wir setzen auf Naturverjüngung. Es handelt sich um eine klimastabile, zukunftsfähige Verjüngung.

Aufgrund der leider nicht zu übersehenden Verbisssituation müssen wir die Fläche zäunen, ansonsten haben Buche und Tanne keine Chance. Wir können also festhalten, auch auf Schadflächen können wir Naturverjüngungsmöglichkeiten ausnutzen. Nicht selten wurde aus Sorge vor Verunkrautung oder dem Nichtwissen um die gegebenen Naturverjüngungsmöglichkeiten zu schnell angepflanzt. Wir sollten aber auch nicht zu lange warten und ständig die Fläche aufmerksam kontrollieren.

Spätestens nach drei Jahren sollten wir anpflanzen, wenn sich keine ausreichende Naturverjüngung eingestellt hat.

Grundsätzlich können wir bei der Entscheidung, ob wir handeln oder abwarten sollen, nach folgenden Kriterien vorgehen:
Abwarten ja, wenn ...
- auf der Schadfläche Mischwald vorhanden war bzw. nicht zu weit angrenzt.
- ausreichend Bäumchen auf der Fläche vorhanden sind.
- Bäume Samen bildeten oder bilden.
- Risiken gering sind.

Handeln ist angezeigt, wenn ...
- die Baumart (Vorbestand) nicht passte.
- keine passenden Samenbäume in der Nähe sind.
- nur wenige Bäumchen auf der Fläche vorhanden sind.

Anreicherungskulturen

Stehen wir vor der Aufgabe, eine Waldfläche anzupflanzen, stellt sich für uns automatisch die Frage, wie wir es machen sollen. In früheren Jahren war es üblich, die gesamte Fläche zu bepflanzen. Das ist jedoch, auch wenn der Staat hierfür hohe Zuschüsse gibt, mit erheblichen Kosten und Risiken verbunden. Nicht selten ist geeignetes Pflanzgut knapp, hohe Ausfälle drohen durch die vermehrt auftretenden Trockenperioden.

Eine Lösungsmöglichkeit ist, die Geschenke der Natur ganz gezielt einzubeziehen. Vorhandene oder zu erwartende Naturverjüngung – auch aus Pioniergehölzen – wird für die Neubegründung genutzt. Nur punktuell und nicht flächig werden weitere Baumarten gepflanzt. Dies kann in Form von Trupps, einzeln oder kleinflächig geschehen.

Schadfläche, scheinbar ohne Verjüngung (links); Beim näheren Hinsehen: Buchen- und Tannenverjüngung (rechts)

Fotos: Walter Schubach

Naturverjüngung zur Neubegründung zu nutzen, bietet eine Reihe von Vorteilen:

- Deutlich reduzierte Kosten mit geringerem Aufwand
- Die spätere Pflege wird erleichtert, da die truppweise gepflanzten Bäumchen leichter auffindbar sind.
- Die gewünschten Zielbaumarten stehen bereits im künftigen Z-Baum-Abstand (Zukunfts- bzw. Auslesebäume).
- Durch die Nutzung der natürlichen Sukzession mit Pioniergehölzen wie Birke, Weide etc. und Sträuchern ergibt sich eine höhere Biodiversität.

Vorgehen

Die gewünschten Baumarten werden truppweise eingebracht. Der Abstand der Trupps ergibt sich aus dem zu erwartenden Kronenabstand der „ausgewachsenen" Zukunftsbäume, also etwa 10–15 m. Innerhalb eines Trupps variiert der Pflanzverband je nach Baumart. Die Flächen zwischen den Trupps werden nicht bepflanzt. Zum leichteren Auffinden der Trupps werden diese deutlich markiert.

Bei flächiger Verteilung von 50–100 Trupps pro Hektar reduziert sich zum Beispiel bei Eiche der Pflanzenbedarf auf etwa ein Viertel der Gesamtfläche. Bewährt hat sich, die Trupps als Quadrate anzulegen.

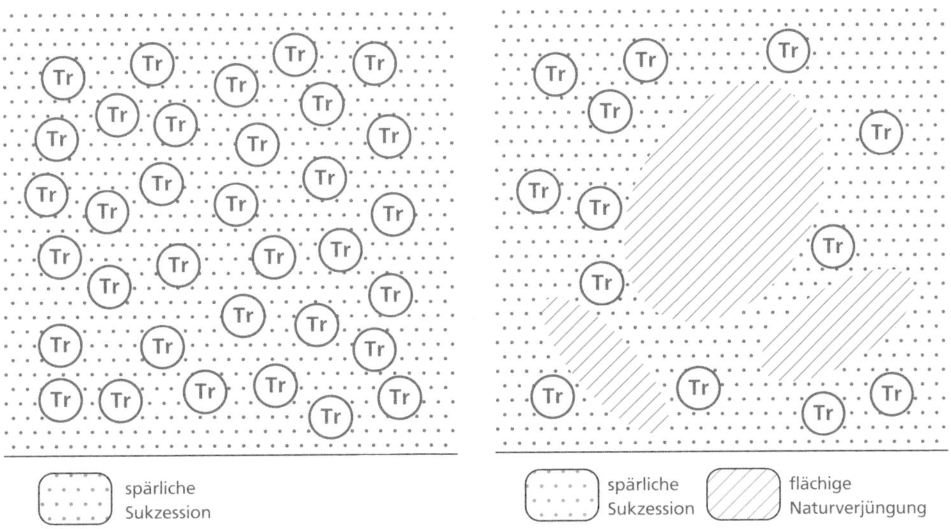

Verteilung von Trupps im Z-Baum-Abstand (links) und bei schon flächig vorhandener Naturverjüngung (rechts; jeder Kreis mit Tr symbolisiert einen Trupp)

Quelle: LWF Merkblatt 26

Die Mitte des Trupps wird mit einem Pflock markiert.

Die Anlage der Trupps kann hinsichtlich der Pflanzverbände variabel gestaltet werden. Bei Nadelholz, zum Beispiel Douglasie, entfällt der äußere Ring mit Schattlaubholz.

Wenn nötig, können einzelne Trupps mit Kleinzäunen geschützt werden. Bei hoher Truppzahl empfiehlt sich die Zäunung der gesamten Fläche.

Tipps für eine erfolgreiche Kultur

Forstkulturen sind nicht nur arbeitsintensiv, sondern auch richtig teuer. Schnell ist man mit den Kosten für Pflanzenbeschaffung, Zaunbau etc. bei einem Geldbetrag, mit dem man auch einen Mittelklassewagen

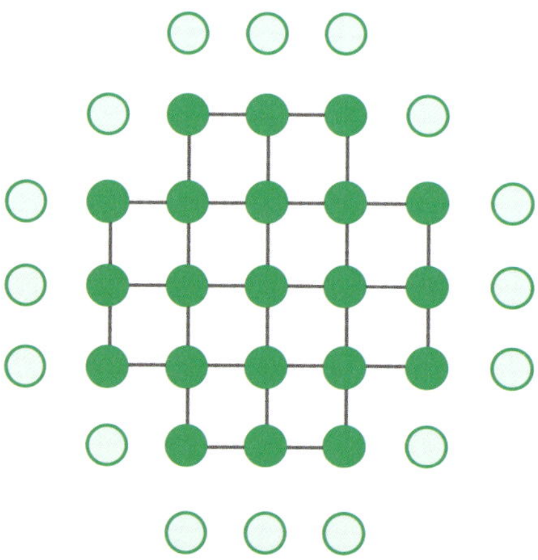

Anlage eines quadratischen Trupps (hellgrün: Schattlaubholz, grün: Zielbaumart) Quelle: LWF Merkblatt 26

wie etwa einen Golf kaufen könnte. Es macht daher Sinn, sich über das Gelingen einer Kultur Gedanken zu machen.

Der richtige Pflanzzeitpunkt

Bisher pflanzte man im Frühjahr und Herbst, je nachdem man Zeit oder Lust dafür hatte. Das Frühjahr war sogar Hauptkulturzeit. Jetzt, mit den zahlreichen Trockenperioden im Frühjahr, muss man dies jedoch überdenken. Zu viele teure Frühjahrskulturen sind durch die Frühjahrstrocknis ausgefallen.

Unter den heutigen Bedingungen ist für wurzelnackte Laubhölzer der Herbst ab Ende Oktober die optimale Pflanzzeit. Die Vegetationszeit ist abgeschlossen und die Bäume gehen in die winterliche Ruhephase. Prinzipiell kann weit in den Winter gepflanzt werden, solange der Boden nicht gefroren ist und die Tage noch frostfrei sind. Der große Vorteil gegenüber der Frühjahrspflanzung ist, dass die Bäume mit einem Entwicklungsvorsprung in ihr erstes Jahr an dem neuen Standort gehen, wenn sie noch vor dem Austrieb anwurzeln können.

Bei immergrünen Nadelhölzern (Douglasie) besteht bei Herbstpflanzung die Gefahr der Frosttrocknis (Wassermangel durch transpirationsbedingtem Wasserverlust, da die Pflanze bei gefrorenem Boden kein Wasser aufnehmen kann). Hier ist grundsätzlich Frühjahrspflanzung empfehlenswert.

Eine höhere Flexibilität gewinnt man mit Ballenpflanzen. Für die Wurzeln im Ballen bieten sie kontrollierte Wuchsbedingungen und damit gute Anwuchs-Chancen am neuen Standort. Im Jahresverlauf hat man einen weitaus längeren Pflanzzeitraum zur Verfügung. Mit Ausnahme bei gefrorenen Böden kann von September bis Juni gepflanzt werden. Das Optimum befindet sich jedoch auch hier im Herbst und Frühjahr. Bei Douglasie oder Tanne wird mit Ballen eine zeitige Herbstpflanzung möglich.

Für einen guten Anwuchs sind zudem zwingend notwendig:

- Der Pflanzeneinschlag vor Ort bis zum Pflanzzeitpunkt
- Durchgehender Schutz vor Austrocknung und Überhitzung des Pflanzgutes

Pflanzenqualität

Forstpflanzen sind in der Regel an die in ihrem Umfeld herrschenden klimatischen Bedingungen hervorragend angepasst. Für das Gelingen einer Kultur sind deshalb geeignete Herkünfte von entscheidender Bedeutung. So manches Lehrgeld wurde gezahlt, weil ungeeignete Herkünfte verwendet wurden. Entweder fielen die Kulturen gleich aus oder die Bäumchen wuchsen krumm und zwieselig.

Um sicherzustellen, dass die Pflanzen auch tatsächlich für Ihren Wald geeignet sind, empfiehlt es sich, nur passende Herkünfte mit Zertifizierung zu kaufen. Vermeintliche Schnäppchen aus dem Internet mit in der Regel zweifelhafter Herkunft lohnen sich nicht. Lassen Sie sich bezüglich Herkunft, Pflanzensortiment etc. von einem Forstfachmann beraten.

Pflanzung

Für das Gelingen einer Kultur ist die Wahl eines geeigneten Pflanzverfahrens von entscheidender Bedeutung. Wurzelnackte Pflanzen pflanzt man am besten mit einer sorgfältig ausgeführten Lochpflanzung. Sie ist zwar aufwendig, gewährleistet jedoch eine ungestörte Wurzelentwicklung.

Zaunbau

Fast standartmäßig bauen wir, wenn die Verbisssituation es erfordert, Zäune aus verzinktem Draht. Sie halten lange und erfüllen meist ihren Zweck. Haben sie ihren Schutzzweck nach einigen Jahren erfüllt, müssten sie eigentlich wieder abgebaut werden. Tatsächlich bleiben sie aber in vielen Fällen über viele Jahre im Wald, zu mühsam und aufwendig ist ihr Abbau. Diese nicht mehr benötigten Zäune sind Abfall und ein Ärgernis. Sie zer- und beschneiden den Lebensraum des Wildes und sind nicht selten auch für uns eine

Ein alter Zaun, eine Stolperfalle für Mensch und Tier

Holzgatterzaun

Fotos: Walter Schubach

Stolperfalle. Abhilfe können Gatterzäune aus Holz schaffen. Zwar etwas aufwendiger im Bau, haben sie den großen Vorteil, dass sie aus dem nachwachsendem Rohstoff Holz bestehen und sich im Laufe der Jahre selbst entsorgen.

Förderung

Der Waldumbau wird in den Bundesländern finanziell massiv gefördert. Nutzen Sie diese Möglichkeit, insbesondere die Kulturkosten werden dadurch einigermaßen erträglich. Wie bei jeder staatlichen Fördermaßnahme ist es jedoch wichtig, dass der Antrag vor Beginn der Maßnahme gestellt wird.

WALDPFLEGE UND DURCHFORSTUNG

Wird über Waldumbau oder zukunftsfähige Gestaltung des Waldes diskutiert, wird in der Regel an die Pflanzung klimafitter Baumarten gedacht. Die Möglichkeiten, die eine zielgerichtete Pflege und Durchforstung hierfür bieten, werden nicht bedacht. Tatsächlich ist eine fachgerechte Bestandspflege eine extrem wichtige Risikovorsorge hinsichtlich

Schneebruchschäden in einem ungepflegten Fichtenbestand Foto: Walter Schubach

der Herausforderungen, die mit dem Temperaturanstieg und der Zunahme der Witterungsextreme wie Dürre, Sturm und Nassschnee verbunden sind. Maßgeblich können wir durch eine fachgerechte Bestandspflege die Baumartenzusammensetzung, die Strukturvielfalt und die Stabilität der Bestände positiv beeinflussen und gestalten. Unterlassungen, das zeigt sich immer wieder, rächen sich. Nicht selten werden zu dichte Fichtenstangenhölzer Opfer einer hohen Schneelast.

Rechtzeitige und zielgerichtete Pflege kann einen Großteil der Schäden oft verhindern. Aber nicht nur das, mit ihr können wir auch maßgeblich die Baumartenzusammensetzung der Bestände verändern. Nehmen wir zum Beispiel eine Fichtendickung, in der nur alle zehn Meter eine Eiche oder Buche beigemischt sind. Werden im Laufe der Jahre diese beigemischten Buchen und Eichen konsequent immer wieder gefördert, entsteht mit der Zeit aus dem labilen Fichtenbestand ein klimaangepasster, stabiler Eichen-Buchenbestand. Dieses Beispiel zeigt, welche Möglichkeiten uns die Bestandspflege hinsichtlich einer klimastabilen Gestaltung der Wälder eröffnet.

Ebenso verkürzen wir mit einer fachgerechten Pflege die Produktionszeit der Bäume. Dies ist insbesondere bei der Fichte wichtig, wächst sie doch in eine für sie sehr problematische Zukunft hinein. Es ist leider unwahrscheinlich, dass die heutigen jungen Fichten, die wir noch auf großer Fläche haben, auch einmal einhundert Jahre alt werden können.

Auslesedurchforstung

Über die Art und Weise, wie in der Forstwirtschaft gepflegt und durchforstet werden soll, wurde schon viel geforscht und diskutiert. Grundsätzlich sind die Eingriffe so zu gestalten, dass sie auch tatsächlich wirksam sind. Sogenannte „Totenbestattungen", wie man sie leider recht häufig sieht, helfen dem Bestand nicht. Hier werden Bäume, die schon lange den harten Konkurrenzkampf zwischen den Bäumen verloren haben, entnommen. Irgendein Pflegeffekt – außer dem guten Gefühl, man hat etwas für den Wald getan – ist nicht gegeben. Gleichzeitig dürfen die Eingriffe nicht so stark sein, dass sie ggf. den Bestand gefährden. Viel Fingerspitzengefühl und Einfühlungsvermögen sind deshalb von Nöten.

Bewährt hat sich, auch in Zeiten des Klimawandels, die Bestände nach den Grundsätzen der Auslesedurchforstung zu behandeln. Mit ihr lenken wir gezielt den Zuwachs auf die vitalsten Bäume und fördern und erhalten damit die Stabilität der Bäume. Um die Gesamtwuchsleistung eines Bestandes brauchen wir uns bei dieser Art des Vorgehens keine Sorgen machen. Es hat sich immer wieder gezeigt, dass die Gesamtwuchsleistung durch die Durchforstung nur wenig beeinflusst wird. Bei größerem Standraum wird von wenigen Bäumen mehr Zuwachs geleistet, die dickeren Bäume leisten durch ihre größeren Kronen trotz geringerer Anzahl in Summe etwa die gleiche Masse.

Viel diskutiert wurde früher die Anzahl der auszuwählenden Zukunftsbäume. Anfänglich begann man mit 400 Z-Bäumen pro Hektar, jetzt werden nur noch ca. 100 Bäume pro Hektar als Zielzahl genannt. Warum diese starke Reduktion, sind das nicht viel zu wenige? Die Antwort liefern die Kronendurchmesser der Altbäume.

Möglicher Kronendurchmesser der Altbäume ausgewählter Baumarten

Baumart	**Möglicher Kronendurchmesser**
Fichte/Kiefer	10 m
Buche/Eiche	14–16 m
Berg- und Spitzahorn, Linde	10–12 m

Diese Zahlen zeigen, es ist vollkommen ausreichend, wenn wir ca. alle 10 m einen Z-Baum, heute inzwischen auch Option genannt, auswählen. Diese Auslesebäume werden durch Entnahme von ein bis zwei Bedrängern kontinuierlich gezielt gefördert. Je nach Wuchsleistung erfolgen die weiteren Eingriffe nach fünf bis zehn Jahren. Die Räume zwischen den Auslesebäumen bleiben unbehandelt. Wir fördern hierdurch maßgeblich die so wichtige Strukturvielfalt.

Die Auswahlkriterien für einen Auslesebaum (Z-Baum) sind:

- Vitalität
- Stabilität
- Qualität
- Verteilung im Bestand

Je nach Bestandessituation werden gewünschte Mischbaumarten ebenfalls als Z-Baum ausgewählt und entsprechend gefördert.

Bei der Behandlung der Bestände, in der Art des Vorgehens, müssen wir unbedingt zwischen Laub- und Nadelholz unterscheiden.

Auslesedurchforstung in Fichtenbeständen

In der Jugendphase der Fichte ist nicht selten eine Stammzahlreduktion angesagt. Solche Pflegeeingriffe kosten Zeit und Geld, sind aber eine sinnvolle Investition in die Zukunft. Als Richtwert sollen bei einer Bestandsoberhöhe von maximal fünf Metern nicht mehr als 2.000 einigermaßen gleichmäßig verteilte Bäume auf einem Hektar stehen. Dies gilt auch für Naturverjüngungen, außer die Fichte ist im Höhenwuchs sehr gut differenziert.

Ab dem Stangenholzalter (Höhenbereich ca. 10 m) beginnt die Auslesedurchforstung durch Auswahl von ca. 100 Auslesebäume pro Hektar im Abstand von ca. 10 m. Konsequent werden diese durch Entnahme von ein bis zwei Bedrängern gefördert. Je nach Kronenentwicklung der Auslesebäume erfolgen die nächsten Eingriffe in einem Turnus von fünf bis zehn Jahren.

Infolge dieser Eingriffsart entwickelt sich eine stabile, gut bekronte Fichte. Ewa ab einem Höhenbereich von ca. 20 m (Alter etwa 50 Jahre) erfolgen nur noch niederdurchforstungsartige Eingriffe zur Kronenpflege.

Auslesedurchforstung im Laubholz

Anders als beim Nadelholz müssen wir beim Laubholz ein hohes Augenmerk auf die Qualitätsentwicklung legen. Durch Dichtschluss in der Dickungsphase fördern wir die natürliche Astreinigung und somit die Qualitätsentwicklung. Wie gehen wir in der Dickungspflege (Qualifizierungsphase) vor?

Grundsätzlich richten wir auch hier unseren Blick auf das Positive, die gut veranlagten Anwärter in einem Abstand von ca. 10 m. Zugunsten des Anwärters greifen wir aber nur dann ein, wenn er durch seinen Nachbarn bedrängt werden sollte. Dickung muss Dickung bleiben.

In früheren Zeiten richtete man bei der Dickungspflege das Augenmerk auf die Grobformen. Nur zufällig half man bei dieser Art des Vorgehens den gutveranlagten Bäumen.

Ist die gewünschte astfreie Schaftlänge von ca. 5 m erreicht, beginnt die sogenannte Dimensionierungsphase. Die Auslesebäume werden durch eine kontinuierliche Entnahme der Bedränger gezielt gefördert. Spätere Eingriffe dienen dann der Kronenpflege.

Auch bei Bäumen gibt es ein zu spät.

Versäumtes kann nicht nachgeholt werden

In vielen Fichtenbeständen, das ist leider die Realität, erfolgten keine oder nur sehr schwache Pflege- und Durchforstungseingriffe. Sie stehen eng an eng und haben kurze Kronen. Durchforstungseingriffe nach den oben genannten Grundsätzen können wir in diesen labilen Beständen nicht mehr führen. Unweigerlich würden sie beim nächsten Sturm oder Nassschnee zusammenbrechen. In solchen Beständen können wir nur versuchen, die relativ stabilsten Bäume durch kurz aufeinander folgende schwache Eingriffe zu fördern.

Soll dieser Fichtenbestand Zukunft haben, braucht er jetzt einen Pflegeeingriff. Foto: Walter Schubach

ARTEN FÖRDERN

Die Gefährdung der biologischen Vielfalt ist mit Macht in das Bewusstsein der Gesellschaft gerückt. Selbst an kleinen Dingen merken wir inzwischen einen dramatischen Schwund der Artenvielfalt. Denken wir nur allein an die Windschutzscheiben der Autos, die in früheren Zeiten schon oft in kurzer Zeit mit zahlreichen Insekten bedeckt waren. Lebensräume und Arten verschwinden in einer atemberaubenden Geschwindigkeit.

Regional und örtlich ist jedoch auch in Wäldern ein Artenrückgang festzustellen.

Der Artenschwund betrifft vor allem landwirtschaftliche Flächen, Wälder als vergleichsweise naturnahe Lebensräume zeichnen sich dagegen vielfach mit stabilen oder sogar zunehmenden Anteilen waldassoziierter Lebensgemeinschaften aus. In Bayern sind zum Beispiel neun Spechtarten beheimatet. Dies sind Schwarz-, Grau- und Grünspecht als sogenannte Erdspechte. Bunt-, Mittel-, Weißrücken- und Kleinspecht gehören zur Gruppe der Buntspechte. Der Dreizehnspecht ist Nadelwaldspezialist in Berglagen. Und als einziger Zugvogel ist der Wendehals eine Art des Halboffenlandes wie zum Beispiel Streuobstbestände.

Bei allen Spechtarten, außer beim Grauspecht und Wendehals, zeigen sich bei allen gleichbleibende oder positive Bestandstrends ab.

Von Natur aus wäre Mitteleuropa mit Ausnahme von Seen, Flüssen, Mooren und anderen Sonderstandorten vollständig bewaldet. Für die biologische Vielfalt und den Erhalt der heimischen Fauna und Flora besitzen Wälder daher eine überragende Bedeutung. Mit zahlreichen kurz-, mittel- und langfristig wirkenden Maßnahmen können wir wirksam zum Erhalt der Biodiversität beitragen.

Maßnahmen, um die Biodiversität zu erhalten:

- Gezielte Anreicherung mit Totholz und Biotopbäumen
- Naturnahe Mischwälder mit einer umfangreichen Beteiligung heimischer Baumarten
- Beteiligung seltener Baumarten
- Strukturreichtum durch kleinflächige und nur punktuelle Verjüngungs- und Pflegeeingriffe
- Rücksichtnahme während der Brut- und Aufzuchtzeiten
- Schutz und Pflege wertvoller Biotope
- Pflegliche Behandlung der Waldböden durch Befahrung ausschließlich auf Rückelinien

Schaffung von wertvollem stehendem Totholz durch Kappung des Stammes
Foto: Walter Schubach

Buche mit Spechthöhlen

Foto: Walter Schubach

Stehendes und liegendes Totholz und Biotopbäume sind wichtige Elemente naturnah bewirtschafteter Wälder und haben eine **überragende** Bedeutung für die Fauna und Flora des Waldes. Neben dem Belassen abgestorbener Bäume können wir auch gezielt den Wald mit Totholz anreichern. Eine probate Methode ist es, dass man mit dem Harvester Stämme in Höhe von drei bis sechs Metern kappt. Hierzu eignen sich insbesondere Bäume, deren Erdstämme bereits Pilz- und Insektenbefall aufweisen. Von wirtschaftlich geringem Wert ist es für die ökologische Wertigkeit ein großer Gewinn. Vor allem Hochstümpfe von Laubhölzern in größeren Dimensionen leisten hierfür einen wertvollen Beitrag.

Achten wir auf Biotopbäume. Am besten wir markieren sie gut sichtbar.

Aber auch auf Schadflächen sollte die Schaffung von Totholz in Form von Hochstümpfen, Querliegern, Wurzeltellern und Dürrständern ein Maßnahmenziel sein.

Als Biotopbäume bezeichnet man jene Bäume, die aufgrund ihrer Beschaffenheit eine besondere Bedeutung für die Artenvielfalt haben. Dies sind Bäume mit:

- Höhlen
- Nestern oder Horsten
- mit Kronentotholz
- mit Pilzbefall
- mit Stammverletzungen oder Astabbrüchen
- mit ungewöhnlichen Wuchsformen
- uralte Bäume (Methusalem-Bäume)

Den Wert von Biotopbäumen hat Volker Binner treffend wie folgt beschrieben: „Biotopbäume sind hohl, faul, verletzt und gebrochen. Oftmals reiht sich den Stamm entlang Holzfehler an Holzfehler, und selbst nach einer Produktionszeit von mehr als einem Jahrhundert liefern sie oft nur Brennholzqualität.

Ihr ökologischer Wert ist für die Artenvielfalt unserer Wälder jedoch unbezahlbar."

Bemerkenswert und oft unterschätzt, wie wir durch die Baumartenwahl langfristig auf die Artenvielfalt Einfluss nehmen. Eindrucksvoll können wir dies sehen, wenn wir allein einen Blick auf die Schmetterlingsarten werfen: Von den 2.983 bayerischen Schmetterlingsarten leben 955 Arten an Laubbäumen und nur 116 Arten an Nadelbäumen. Am reichsten an Schmetterlingsarten ist die Eiche mit 205 Arten, gefolgt von Birke mit 182 und Weide mit 179 Arten. Die Buche ist mit 72 Arten im Mittelfeld, während Kiefer (42 Arten) und Fichte (52 Arten) zum hinteren Mittelfeld gehören.

Mit einer hohen Beteiligung heimischer Baumarten leisten wir daher einen wichtigen Beitrag zum Erhalt der Biodiversität. Denken wir daran, wenn wir eine Pflege im Jungwuchs machen und belassen möglichst die Pioniergehölze wie Birke, Weide und Vogelbeere. Zu oft haben wir sie früher ohne uns viel Gedanken darüber zu machen herausgeschnitten. Wir leisten damit nicht nur einen Beitrag zum Natur- und Artenschutz, sondern machen unsere Wälder resilienter, d. h. widerstandsfähiger gegen Störungen jeglicher Art. In zahlreichen Studien ist belegt, Ökosysteme sind umso stabiler und produktiver, je mehr unterschiedliche Arten in ihnen vorkommen.

Eine Selbstverständlichkeit sollte sein, dass wir auf Sonderstandorte wie zum Beispiel Moore besondere Rücksicht nehmen. In aller Regel sind Sonderstandorte Zentren der Biodiversität.

Zahlreiche Maßnahmen des Waldnaturschutzes werden wegen ihrer Bedeutung für den Artenschutz speziell gefördert. Ob mit oder ohne Förderung, nutzen Sie die Möglichkeiten in Ihrem Wald zum Erhalt der Artenvielfalt. Schon mit kleinen Maßnahmen kann man erstaunlich viel bewirken.

WALDGERECHTE JAGD – DAS GEBOT DER STUNDE

Von Grundsatz her ist es sehr einfach, die Wald/Wild-Thematik zu verstehen. Rehe haben den Wald einfach zum Fressen gern. Als sogenannte Konzentratselektierer brauchen sie leicht verdauliche Nahrung, voller Zucker und Proteine: Blätter und Kräuter zum Beispiel. Sehr gerne mögen sie saftige Knospen und Triebe der jungen Bäumchen. Besonders mögen sie die jungen Eichen, Tannen, Ahorne und andere Laubhölzer. Junge Fichten werden, da schwer verdaulich, nur im Notfall verbissen.

Die Folgen für den Wald sind dramatisch. Oft reich gemischte Verjüngungen aus Tanne, Buche, Eiche, Ahorne etc. entmischen sich, übrig bleibt oft nur noch die klimasensitive Fichte. Ausgerechnet die Baumarten, die wir für eine klimastabile Gestaltung des Waldes bräuchten, bleiben auf der Strecke.

Es liegt auf der Hand und ist im Prinzip ein sehr simpler Zusammenhang: Hohe Schalenwildbestände ziehen einen starken Verbiss nach sich, wenig Schalenwild bedingt einen geringen Verbiss.

Der entscheidende Schritt zur Lösung des Problems ist daher, den Bestand an Rehen und Hirschen zu senken. Je weniger Schalenwild, desto geringer die Verbissbelastung. Eigentlich sehr einfach.

Schon seit Langem gibt es Probleme mit der Verbissbelastung durch das Schalenwild. Bereits im 16. Jahrhundert gab es großen Streit, weil das viele Wild der Feudalherren die Ernte und die jungen Bäumchen wegfraß. So war im Deutschen Bauernkrieg eine der Forderungen nach freier Jagd und Fischerei. Den Ausgang der Geschichte, die totale Niederlage der Bauern, kennen wir. Erst bei der Deutschen Revolution von 1848 erstritten sich die Bauern und die kleinen Grundbesitzer das Recht, auf ihrem Boden selbst zu jagen. Und das taten sie, geschossen wurde, was vor

Rehe können nur leichtverdauliche Pflanzen als Nahrung verwerten. Sie sind daher stets auf der Suche nach Triebspitzen und Knospen. Foto: Gela/Pixabay.com

die Flinte kam. Die Schalenwildbestände wurden deutlich und nachhaltig gesenkt. Noch 1872 schrieb der königlich-bayerische Revierförster Karl Emil Diezel in seinem Jagdbuch im Kapitel über Rehe, dass es ihm vorkomme, als handle es sich nur noch „um eine diesem Thiergeschlecht zu haltende Leichenrede."

Noch heute profitieren wir davon mit aus dieser Zeit stammenden reich gemischten Laubholzaltbeständen.

Dieses Recht auf freie Jagdausübung währte jedoch nicht lange. Wenige Jahre später schrieben der Adel und das Großbürgertum die Regeln zu ihren Gunsten um. Das Jagdrecht blieb zwar weiterhin an Grund und Boden gebunden, für das Recht der Jagdausübung wurden jedoch bestimmte Mindestgrößen festgelegt. Eigentümer kleinerer Flächen wurden in Jagdgenossenschaften zusammengelegt, das Reviersystem entstand. Seitdem hat das Recht zur Jagdausübung entweder der Großgrundbesitzer oder der Pächter eines Jagdreviers. Die Entscheidungsgewalt im Wald wurde, wenn man es so ausdrücken möchte, an Vermögen und Geld gebunden.

Nur mehr größere Waldgebiete sind dem Rothirsch noch Heimat. Nicht selten wird er dort jedoch in hohen Dichten gehalten. Foto: Manfred Antranias Zimmer/Pixabay.com

VOM JÄGER ZUM HEGER

Im Laufe der Zeit bildeten sich elitäre Jagdstrukturen, der Rehbock wurde zum Hirsch des kleinen Mannes. Mit der Einführung des Reichsjagdgesetzes durch die Nazis verfestigten sich die Strukturen. Eine verbindliche Abschussplanung wurde eingeführt, ebenso die Pflicht zur Hege und zur Fütterung in der Notzeit. Die Zeit der ungezügelten Jagd war endgültig vorbei, wie sie vielerorts noch praktiziert wurde. So schrieb zum Beispiel der staatliche Förster Hühnlein noch 1917 in seiner Chronik, dass der Hirschenstein, ein Waldgebiet im Vorderen Bayerischen Wald, ein sehr gutes Rehwildbiotop wäre, in den angrenzenden Bauernjagden würde jedoch alles totgeschossen (aus dem Gedächtnis zitiert, da die Chronik seit der Forstreform im Jahr 2005 verschollen ist).

Einen nicht unerheblichen Einfluss auf die Schalenwildbestände hatte, wenn auch nicht quantifizierbar, die regional weit verbreitete Wilderei. So schrieb zum Beispiel Hermann Walder, Bruder eines 1982 von einem Jäger erschossenen Wilderers: „Bei uns haben vor allem viele Bauern gewildert, zumeist auch deswegen, weil sie arm waren. .... Sie haben ja auch nicht wegen der Trophäen gewildert, so wie es heute zumeist üblich ist, sondern nur wegen dem Fleisch. ... Die meisten dieser Wilderer waren Ehrenmänner. ... Das Villgratental, das Pustertal, ja ganz Osttirol war damals eine furchtbar arme Gegend. Nur durch Schmuggeln und Wildern konnte sich so manche Familie über Wasser halten." Nach dem Ende des Zweiten Weltkrieges wurden die einschlägigen Paragrafen des Reichsjagdgesetzes nahezu unverändert in das Bundesjagdgesetz übernommen. Lange Zeit blieben diese Vorgaben unbestritten.

WILDVERBISS RÜCKT IN DAS BEWUSSTSEIN DER ÖFFENTLICHKEIT

Dies änderte sich, als an Heiligabend 1971 die ARD den Dokumentarfilm „Bemerkungen über den Rothirsch" ausstrahlte. In diesem beschrieb der bekannte Umweltjournalist Horst Stern den Konflikt zwischen Wald und Wild. Er zeigte auf, wie Reh und Hirsch den Wald zerstörten. Bambi sei dem Wald zur Plage geworden. Die Resonanz war gewaltig, die Schäden durch das Schalenwild waren im Bewusstsein der Öffentlichkeit angekommen. Nicht zuletzt wegen dem „Waldsterben" kam das Thema zum Leidwesen der Jäger nicht mehr vom Tisch. Der Grundsatz „Wald vor Wild" wurde kreiert, 1986 wurde u. a. in Bayern das Forstliche Gutachten zur Situation der Waldverjüngung eingeführt.

Eine neue, wuchtige Brisanz in der Wald/Wild-Thematik ist nun durch den Klimawandel entstanden. Allen, die sich mit dem Wald beschäftigen, ist bewusst, nur mit gemischten Wäldern können klimastabile, zukunftsfähige Waldbestände aufgebaut werden. Wildbestände, die dies verhindern, können nicht mehr hingenommen werden. In seltener Einigkeit fordern daher Förster, Waldbesitzer und Naturschützer dem Wald angepasste, tragfähige Wildbestände. Nur mit waldverträglichen Wildbeständen kann der Waldumbau gelingen.

So sagte die bayerische Forstministerin Michaela Kaniber bei der Vorstellung der Ergebnisse des Forstlichen Gutachtens zur Situation der Waldverjüngung 2021 in Bayern unmissverständlich: „Uns allen muss klar sein, dass unsere Wälder die Klimakrise nur dann bewältigen können, wenn zukunftsfähige Baumarten eine Chance haben, zu stabilen Mischwäldern heranzuwachsen." Zu starker Wildverbiss lasse auf Dauer ausgerechnet die Baumarten verschwinden, auf die klimafeste Wälder so dringend angewiesen sind. Eindringlich appellierte sie an Grundbesitzer und Jäger für waldverträgliche Wildbestände zu sorgen: „Wir dürfen keine Zeit mehr verlieren, der Klimawandel sitzt uns zu deutlich im Nacken. Jeder spürt schon den Atem."

MISCHWÄLDER OHNE ZAUN SIND MÖGLICH

Den Zusammenhang von waldverträglichen Wildbeständen und üppiger Naturverjüngung können wir in Deutschland inzwischen in etlichen sehr unterschiedlichen Waldgebieten deutlich sehen. Da braucht es keine Stichprobeninventuren, um zu sehen, dass ein artenreicher Mischwald auch ohne Zaunschutz wachsen kann.

Am Hirschenstein, ein Staatswaldkomplex im Vorderen Bayerischen Wald, wurde in den 1980er Jahren die Rehwildbejagung umgestellt. Erlegt wurde, was möglich war. Seitdem wächst die Naturverjüngung aus Tanne und Buche, irgendwelche Schutzmaßnahmen erübrigten sich.

Tannenverjüngung, ganz ohne Zaun

Foto: Walter Schubach

Im Lamer Winkel, wo sich aus historischen Gründen eine Eigenjagd an die andere reiht, ist es fast egal, wo man in den Wald geht, die Tannennaturverjüngung wächst und wächst. Die dortigen Eigenjagdbesitzer leben vom Ertrag des Waldes. Es wird so viel Rehwild erlegt, wie für ein ungestörtes Wachstum der Tannen und Buchen notwendig ist.

Selbst in Kiefernrevieren kann man sehen, wie sich bei waldverträglichen Wildbeständen der Wald verändert und sich mit Mischbaumarten anreichert. Im Hirschfelder Wald, keine Autostunde nordöstlich von Berlin gelegen, wird seit ca. 15 Jahren entsprechend gejagd. Seitdem gedeiht der Wald. Unter alten Kiefern wachsen Buchen, Eichen, Ahorne und Tannen. Gepflanzt wird nur selten. Weitgehend von selbst erneuert sich der Wald.

Zweifelsohne, es gibt ermutigende Beispiele, wo Wald und Wild im Einklang sind. Aber, wie sieht es insgesamt in Deutschland aus, wie ist die Verbissbelastung in den deutschen Wäldern? Werfen wir einen Blick auf die Ergebnisse der jüngsten Bundeswaldinventur.

TANNE UND BUCHE – SIE SCHMECKEN SO GUT

Die Bundeswaldinventur 2022 zeigte auf, wie es um den Verbiss der Leittriebe bestellt ist. Erwartungsgemäß ist die Fichte nahezu unverbissen. Anders sieht es dagegen bei Tanne und dem Laubholz aus. Der Verbiss ist bei Tanne und Buche ähnlich, bei Eichen etwas stärker. Fast ein Viertel der erfassten Eichen waren am Leittrieb verbissen. Bei den sonstigen Laubhölzern mit kurzer Lebenserwartung (Vogelbeere, Kirsche etc.) war fast ein Drittel aller Bäume betroffen. Beim sonstigen Laubholz mit hoher Lebenserwartung, wie Linde, Ulme, Speierling etc., wurde ein leittriebverbiss fast an jedem zweiten Baum festgestellt. Nicht in den Zahlen sind die vielen Baumkeimlinge enthalten, die schon bei einmaligem Verbiss verschwinden und folglich nicht mehr aufgenommen werden können.

Am Leittrieb verbissene Tanne

Foto: Walter Schubach

Leittriebverbiss innerhalb der letzten zwölf Monate (Angaben in %)

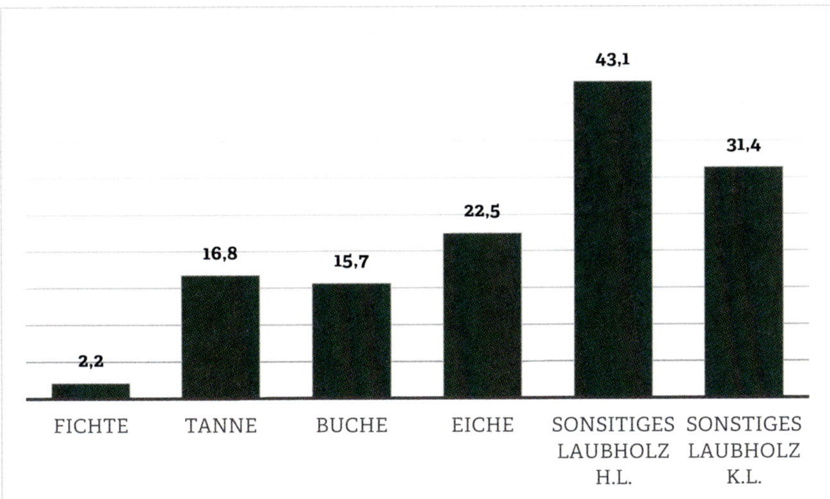

Quelle: Bundeswaldinventur 2022

Was sagen uns diese Zahlen? Zunächst könnte man meinen, so schlimm ist es ja nicht, die Mehrzahl der Bäumchen ist doch unverbissen, der Schaden hält sich also in Grenzen. Dem ist leider nicht so.

Betrachten wir die Tanne. Innerhalb eines Jahres wird jede sechste Tanne am Leittrieb verbissen. Um aus der Verbisszone herauszuwachsen, braucht sie je nach den herrschenden Lichtverhältnissen bis zu 15 oder gar 20 Jahre. Das heißt, jedes Jahr wird wieder aufs Neue jede sechste Tanne verbissen. Ohne große mathematische Berechnungen können wir sehen, nur sehr, sehr wenige Tannen schaffen es, tatsächlich aus der Verbisszone herauszuwachsen. Gleiches gilt für die Buche, die bis zu zehn Jahre braucht, um aus dem Äser des Wildes herauszuwachsen. Bei Eiche geht es zwar als Lichtbaumart etwas schneller, aber auch bei ihr müssen wir leider feststellen, nur wenige kommen durch.

Insgesamt muss unmissverständlich festgestellt werden: Der Wald leidet unter einer extrem hohen Verbissbelastung. Die für einen zukunftsfähigen, klimastabilen Wald so dringend benötigten Mischbaumarten wie Tanne, Buche, Eiche etc. gehen in einem nicht akzeptablen Rahmen verloren. Der notwendige Waldumbau droht zu scheitern.

Doch was tun? Den ganzen Wald oder große Teile von ihm einzuzäunen, geht nicht. Zum einen kosten Zäune eine Unsumme von Geld. Bei einem Hektar Wald ist man schnell bei einigen tausend Euros. Zum anderen sind insbesondere größere Zäune praktisch nicht rehwildfrei zu halten. Kommt ein Reh aus welchen Gründen auch immer (umgestürzter Baum, mutwillige Öffnung etc.) in die Zaunfläche, beträgt die Rehwilddichte innerhalb des Zaunes ein Vielfaches der ungeschützten Flächen. Entsprechend hoch ist dann auch der Schaden.

Wir kommen deshalb um die Erkenntnis nicht herum: Die Verbissbelastung muss im Interesse des Waldes gesenkt werden, der Bestand an Rehen und Rotwild ist auf ein waldverträgliches Maß zu reduzieren. Aber, wie erreicht man einen waldverträglichen Schalenwildbestand? Seit vielen Jahrzehnten wird darüber geredet und diskutiert, der große Durchbruch ist, wie die Zahlen eindrücklich zeigen, bisher nicht geglückt.

Jagdrecht ab zehn Hektar

Wegen der starken Verbissbelastung der Brandenburger Wälder wollte der damalige Minister für Landwirtschaft, Umwelt und Klimaschutz Axel Vogel das Problem mit einer Änderung des Jagdgesetzes lösen. Wie von etlichen Fachleuten gefordert, wollte er Waldbesitzern schon ab einer Fläche von zehn Hektar das

Jagdrecht einräumen. Wer im Wald das Sagen hat, sollte neu definiert werden. Künftig sollten die Waldbesitzer entscheiden, wie viel Rehe für ein ungestörtes Wachstum der Bäumchen erlegt werden sollen.

Dieses Vorhaben stieß auf den erbitterten Widerstand des Landesjagdverbandes und scheiterte letztendlich. Übrig blieb von diesen Vorhaben, dass Jäger und Waldbesitzer durch verpflichtende gemeinsame Reviergänge miteinander reden sollen.

Lösen gemeinsame Reviergänge das Problem? Schauen wir auf die Erfahrungen in Bayern. Im Jahr 2012 wurde in Bayern das Forstliche Gutachten zur Situation der Waldverjüngung substanziell geändert. Für alle Hegegemeinschaften, in denen die Verbissbelastung als zu hoch eingestuft wurde, wurden verpflichtende ergänzende Revieraussagen eingeführt. Ebenso werden ergänzende Revieraussagen auf Antrag eines Beteiligten erstellt. Auf Wunsch werden die Revieraussagen bei gemeinsamen Begängen von Waldbesitzern und Jägern erläutert und nach Lösungen gesucht. Zahlreiche Revierbegänge wurden seither gemacht. Die Stimmungen dabei waren sehr unterschiedlich. Manchmal konstruktiv und verständnisvoll, manchmal jedoch auch geradezu feindselig. Entscheidend ist nun die Frage: Haben die gemeinsamen Revierbegänge nach einem Jahrzehnt der Durchführung etwas gebracht? Hat sich die Verbissbelastung des Waldes entscheidend verringert?

Enttäuschend und ernüchternd sind die Zahlen, wenn wir auf die Entwicklung der Verbissbelastung des Waldes seit Einführung der ergänzenden Revierweisen Aussagen mit den angebotenen Revierbegängen schauen. Die Eiche wird, Stand 2024, unverändert zu 23 % am Leittrieb verbissen, lediglich bei der Tanne ist der Leittriebverbiss leicht von 16 auf 12 % gesunken. So schön dieser Rückgang auch ist, evtl. ist er zum Teil durch das Ausbleiben von schneereichen Wintern bedingt. Bekanntermaßen wird die Tanne im Wesentlichen kurz vor dem Austreiben verbissen. Durch das Ausbleiben von Schnee beginnen die Verbissinventuren immer früher. Es ist daher anzunehmen, dass ein Teil der jungen Tannen aufgenommen wird, bevor sie vom Schalenwild verbissen wird. Das gleiche Bild ergibt sich, wenn wir auf die Verbissbelastung der Hegegemeinschaften blicken. Faktisch hat sich keine Änderung ergeben. 2012 wurden 54 % der Hegegemeinschaften als tragbar eingestuft, 2024 waren es 51 %. Es muss deshalb festgestellt werden, dass sich die Hoffnungen, die Forstleute und Waldbesitzer in die Revierweisen Aussagen und den gemeinsamen Waldbegängen gesetzt haben, sich in Gänze leider, von einer Reihe von bemerkenswerten Ausnahmen abgesehen, nicht erfüllt haben.

Miteinander reden, so wichtig dies grundsätzlich auch ist, führt leider nicht zwangsläufig zum Erfolg. Denkt man etwas darüber nach, ist der Misserfolg fast logisch.

Ein Jagdrevier pachtet man nicht, um als Dienstleister für den Waldbesitzer zu fungieren. Nein, man pachtet ein Revier aus anderen Gründen. Weil man gerne in der Natur ist, weil man gerne auf die Jagd geht oder weil man gerne Wild beobachtet. So äußerte der Landesjagdpräsident von Brandenburg Dirk Henner-Wellershoff in einem ZEIT-Interview: „Natürlich will ich als Jagdpächter einen Mindestbestand an Wild haben, den ich bewirtschafte. Denn Jagen und Pachten tue ich doch nur, wenn ich auch was erlegen kann und wenn ich einen Vorteil habe." Übersetzt man diese Aussage, so heißt dies nichts anderes, als dass man keinen Wald möchte, wo das Wild so rar ist, dass man umsonst auf dem Hochsitz sitzt und keine Trophäen bekommt. Der Pächter und nicht der Waldbesitzer entscheidet, wie viel Schalenwild in einem Revier tatsächlich erlegt wird.

Der Pächter eines Jagdreviers hat eine andere Interessenslage als ein Waldbesitzer.

EIGENBEWIRTSCHAFTUNG – EIN SCHLÜSSEL ZUM ERFOLG

Viele Forstbetriebe, ob staatlich, privat oder kommunal, haben wegen der oftmaligen Probleme mit verpachteten Jagdrevieren das System der Verpachtung aufgegeben und führen die Jagd in Eigenregie aus. Entsprechend der zur Verfügung stehenden Jagdfläche werden zeitlich befristete Jagderlaubnisscheine an geeignete Jäger ausgegeben. Gibt es Probleme zum Beispiel wegen Nichterfüllung des Abschusses, wird die Jagderlaubnis nicht verlängert und die Beziehung beendet. Der Waldbesitzer ist nun Herr im eigenen Haus und entscheidet, wie viel Wild zum Wohle des Waldes erlegt werden soll.

Zahlreiche Beispiele in Deutschland belegen, mit der Eigenbewirtschaftung kann der entscheidende Schritt für einen waldverträglichen Wildbestand erreicht werden.

Im Laufe der Geschichte hat sich das Bild des Jägers oftmals gewandelt. Foto: Mario/Pixabay.com

Wegen der oftmaligen Probleme mit den Jagdpächtern und den vergeblichen Bemühungen, die Verbissbelastung des Waldes zu senken, gehen inzwischen auch immer mehr Jagdgenossenschaften dazu über, ihre Jagdreviere in Eigenregie zu bewirtschaften und nicht mehr zu verpachten. Diese Möglichkeit ist nach § 10 Bundesjagdgesetz gegeben und ist ein erfolgversprechender Ansatz, endlich die Verbissproblematik in den Griff zu bekommen.

Die Vorteile der Eigenbewirtschaftung liegen auf der Hand:

- Man hat einen unmittelbaren Durchgriff auf die Jagdausübung.
- Abschussplanung und Vollzug liegen in einer Hand.
- Es gibt keine Mindestlaufzeit.
- Eine Rückkehr zur Verpachtung ist jederzeit möglich.

Voraussetzung für den Weg in die Eigenbewirtschaftung ist eine aktive Vorstandschaft und ein gewisses Engagement für den Wald. Natürlich steigt auch der Verwaltungsaufwand, insbesondere in der Gründungsphase, jedoch insgesamt nicht wirklich dramatisch.

Manchmal ist es wichtig, neue Wege zu beschreiten. Foto: Radosław Cieśla/Pixabay.com

Einen guten Überblick über die Thematik kann man mit der Broschüre vom ökologischen Jagdverein Bayern „Wie zieht man eine Eigenbewirtschaftung auf" bekommen. Man findet sie im Internet und kann sie kostenlos downloaden. Ebenso kann man dort Adressen und Ansprechpartner von Jagdgenossenschaften in Eigenbewirtschaftung bekommen. Weitere nützliche Hinweise gibt es auf der Homepage „Bauernjäger – Der Wald zeigt uns, ob die Jagd stimmt", zu finden unter www.bauernjaeger.de

Will man sich auf den Weg der Eigenbewirtschaftung begeben, ist es hilfreich, mit einer Jagdgenossenschaft in Eigenbewirtschaftung Kontakt aufzunehmen. Konkret kann man erfahren, welche Voraussetzungen hierfür notwendig sind und wie man vorgehen sollte.

Voraussetzung für die Eigenbewirtschaftung ist eine aktive Vorstandschaft, man braucht mindestens einen engagierten Waldbesitzer und einen entsprechenden Jäger. Mit den Planungen sollte man spätestens zwei Jahre vor Ende der Pachtzeit beginnen.

Beispielhaft möchte ich Ihnen von einer Jagdgenossenschaft in Eigenbewirtschaftung aus meiner Umgebung berichten. Der Grund für den

Gang in die Eigenbewirtschaftung war, dass man den Unterschied der Verjüngungssituation zwischen den einzelnen Jagdrevieren bemerkte. In jenem Jagdrevier, wo seit längerem waldfreundlich gejagt wurde, stellte sich, ganz im Gegensatz zu den anderen Revieren, eine ideale Naturverjüngung ein. Plötzlich wuchsen die Tannen und Buchen, ganz ohne Schutzmaßnahmen. Mit dem Landratsamt oder der Gemeinde gab es keinerlei Schwierigkeiten. Pirschbezirke in einer Größe zwischen 40 und 70 Hektar wurden gebildet und Jagderlaubnisscheine gegen ein Entgelt vergeben. Die Wildbretvermarktung geschieht grundsätzlich durch die Jagdgenossenschaft, in der Regel nehmen jedoch die Jäger selbst die erlegten Stücke. Die Einnahmesituation der Jagdgenossenschaft hat sich im Vergleich mit der Verpachtung nicht verschlechtert, tendenziell sogar leicht verbessert. Ein möglicher Wildschaden wird grundsätzlich von der Jagdgenossenschaft getragen. Bisher gab es jedoch keine Probleme. Für den bisherigen einzigen Wildschaden stiftete ein Jäger ein Stück Rehwild. Zur Schadensprävention wurde das Ankirren von Schwarzwild verboten.

Jagdgenossenschaften, die eine Eigenbewirtschaftung überlegen, ist zu empfehlen, erfahrene Jagdvorstände zu den Versammlungen einzuladen. Ebenso wird ein Besuch von eigenbewirtschafteten Wäldern nahegelegt. Nur das, was man sieht, kann überzeugen.

Insgesamt lässt sich festhalten:

- Eigenbewirtschaftung erfordert Engagement.
- Der Wald dankt es mit reich gemischten, kostenlosen Naturverjüngungen.

Das Wichtigste in Kürze

Die Daten der Bundeswaldinventur zeigen, der Wald leidet nach wie vor unter einer hohen Verbissbelastung durch das Reh- und Rotwild. Eine zukunftsfähige, klimastabile Verjüngung des Waldes wird maßgeblich verhindert.
In verpachteten Jagdrevieren, wie wir es in der Regel haben, entscheidet der Pächter und nicht der Waldbesitzer über die Höhe des tatsächlichen Abschusses. Waldverträgliche Wildbestände werden dadurch oft verhindert.
Ein Schlüssel für waldverträgliche Wildbestände ist die Eigenbewirtschaftung der Jagdgenossenschaft. Waldbesitzer werden so wieder Herr im eigenen Haus.

BORKENKÄFER: EINE NEUE DIMENSION DER HERAUSFORDERUNG

Fichte und Borkenkäfer, sprich Buchdrucker und sein kleinerer Bruder, der Kupferstecher, gehören zusammen. Wo die Fichte ist, da sind auch sie regelmäßig vorhanden. Vergrößert sich durch irgendwelche Schadereignisse wie Sturm oder Schneebruch das Brutraumangebot für den Käfer, kommt es nahezu unvermeidlich zu Massenvermehrungen mit entsprechenden Schäden an der Fichte. Borkenkäferschäden an der Fichte sind somit eigentlich nichts Neues in der Forstwirtschaft. So folgte zum Beispiel nach dem verheerenden Wintersturm Wiebke, der in der Nacht vom 28. Februar zum 1. März 1990 die Wälder verwüstete und Millionen von Festmeter Holz warf, fast zwangsläufig eine schwere Borkenkäferkalamität, der wiederum Millionen von Festmeter Fichte zum Opfer fielen.

Fachleute sind sich einig, im Klimawandel ist der Buchdrucker der begrenzende, der entscheidende Faktor für die Fichte. Mit zunehmender Erwärmung hat die Fichte gegen die Vitalität des Käfers keine Chance.

Infolge der zurückliegenden Trocken- und Hitzejahre, wo ein Temperaturrekord nach dem anderen gebrochen wurde, entstand ohne einem besonderem Schadereignis, nur bedingt durch die extremen Witterungsverhältnisse, eine Borkenkalamität von historischem Ausmaß. Ob im Flach-, Mittel- oder Hochgebirge, hunderttausende von Hektar Fichte starben ab, in der Regel durch Borkenkäferfraß und nicht durch Trockenheit. Die hierdurch entstandenen Schäden für den Wald, den Waldbesitzern, aber auch für die Gesellschaft, waren gewaltig. Allein durch den Holzpreisverfall entstand ein materieller Schaden von mind. ca. 12,75 Milliarden Euro, wenn wir, vorsichtig geschätzt, pro Festmeter Schadholz einen Mindererlös von 50 Euro ansetzen. Mancher Waldbesitzer erlitt sogar Totalschaden, die Holzerlöse deckten nicht einmal mehr die Aufarbeitungskosten. Aber auch ökologisch sind die Schäden mit den entstandenen Riesenkahlflächen ein Desaster. Die Freilegung der Waldböden bedingt einen Humusschwund, der unzählige Tonnen des Klimagifts Kohlendioxid freisetzt. Ganz zu schweigen von den Schwierigkeiten, auf den Kahlflächen mit ihren Temperaturextremen wieder Wald zu begründen. Im Gebirge, wo der Wald u. a. vor Lawinen und Steinschlag schützt, ist die Schutzfunktion des Waldes auf vielen Flächen stark beeinträchtigt. So sind zum Beispiel im Defereggental, einem Tal in Osttirol, in den Steillagen nahezu alle Fichtenaltbestände dem Borkenkäfer zum Opfer gefallen.

BUCHDRUCKER IM KLIMAWANDEL

Um verstehen zu können, warum der Buchdrucker der begrenzende Faktor für die Fichte ist, schauen wir auf seine Biologie. Ab einer Lufttemperatur von 16,5 °C beginnt er bei warm-trockener Witterung mit seinem Schwärmflug. Dies ist ab Mitte April gegeben. Die Männchen bohren zumeist an dickeren Fichten eine Eingangsröhre und legen eine Rammelkammer an. Die erwachsenen Käfer und die Larven fressen unter

Der Buchdrucker

Foto: Tobias Hase

Fraßbild eines Buchdruckers

Foto: Florian Stahl

der Rinde, die typischen Fraßbilder entstehen. Nach drei bis vier Wochen und drei Larvenstadien erfolgt die Verpuppung. Der hellbraune, stark beharrte Jungkäfer beginnt seinen Reifungsfraß. Das ursprüngliche Fraßbild wird dabei zerstört und die Rinde fällt vom Stamm. Je nach Witterung und den dabei herrschenden Temperaturen dauert die gesamte Käferentwicklung etwa sieben bis zwölf Wochen. In Abhängigkeit der Umgebungstemperatur entstehen im Normalfall ein bis zwei Generationen pro Jahr.

Je wärmer das Klima wird, desto kürzer ist der Entwicklungszyklus der Käfer und desto mehr aufeinander folgende Generationen pro Jahr sind die Folge. Mit der extrem hohen Vermehrungsrate des Buchdruckers von bis zu 1 : 20 (d. h. aus einem Weibchen entwickeln sich 20 Weibchen der Folgegeneration) steigt das Befallsrisiko exponentiell mit zunehmender Generationenzahl.

Gleichzeitig ist die Widerstandskraft der Fichte, wie wir es in den zurückliegenden Trocken- und Hitzejahren erlebt haben, erheblich herabgesetzt. Sie hat wenig oder kein Harz mehr und kann sich eines Angriffs nicht mehr erwehren. Treten nun Trockenjahre in kürzeren Intervallen auf, ist anzunehmen, dass die Käferdichte gar nicht mehr auf Latenzniveau zurückgeht und somit immerzu ein hohes Befallsrisiko gegeben ist. Schritt für Schritt müssen wir deshalb die Fichtenanteile zurücknehmen und die Wälder zu strukturreichen Mischbeständen umbauen. Dieser Umbau erfordert jedoch einen längeren Zeitraum. Diese Zeit können wir aber nur gewinnen, wenn der Borkenkäfer konsequent bekämpft wird.

Aus einer vom Käfer befallenen Fichte kann bis zum Ende der Schwärmperiode Neubefall an über 400 Fichten entstehen.

Bei der Borkenkäferbekämpfung stehen folgende Maßnahmen im Vordergrund:

- Fichtenbestände regelmäßig auf Befall kontrollieren.
- Befallene Fichten vor Ausflug der Borkenkäfer aufarbeiten und rasch aus dem Wald abfahren.
- Sämtliches Kronenmaterial unschädlich machen.

Diese Maßnahmen klingen einfach. In der Realität gelingt es jedoch nur engagierten, versierten und fachkundigen Waldbesitzern, diese Waldschutzstrategie auch tatsächlich erfolgreich umzusetzen. Viel zu oft werden Käferhölzer, wenn überhaupt, nur langsam und zögerlich aufgearbeitet. Die Kosten für einen Forstunternehmer werden gescheut. Am Wochenende, wenn man Zeit hat, geht man ins Holz und arbeitet die Käferhölzer auf. Kommen dann die befallenen Fichten irgendwann aus dem Wald, ist der Käfer längst ausgeflogen.

Käferholz ohne Käfer

Foto: Walter Schubach

Großkahlfläche im Frankenwald Foto: Walter Schubach

BORKENKÄFERBEKÄMPFUNG VERBIETEN?

Im Zuge der Borkenkäferbekämpfung sind, ob in Nordrhein-Westfalen oder auch in Bayern, Kahlflächen in noch nicht gekannter Größe entstanden. Im Frankenwald, eines der Hauptschadensgebiete in Bayern, hat die größte Kahlfläche, Stand Dezember 2024, inzwischen eine Fläche von fast 500 Hektar erreicht. Eine Größenordnung, die man sich früher nicht einmal in den schlimmsten Alpträumen hätte vorstellen können. Angesichts der Ergebnisse der bisherigen Borkenbekämpfung verwundert es daher nicht, dass von mancher Seite sogar ihr Verbot gefordert wird. So schreibt zum Beispiel der Landesverband des BUND von Nordrhein-Westfalen in einem Informationspapier zum Thema Borkenkäfer: „Entscheidend ist die Frage, ob die Fichte am Standort überhaupt erhalten werden kann und soll. Wie sinnvoll ist es unter Berücksichtigung des heutigen Klimas und des Zustandes der noch verbliebenen Fichtenbestände, einen enormen Kostenaufwand aufzubringen und enorme Kollateralschäden in Kauf zu nehmen, um Käfer zu bekämpfen, die außer der Fichte niemandem schaden und für den Menschen völlig ungefährlich sind? Auch der tatsächliche Mehrwert des Holzertrages, sofern überhaupt ein Gewinn abfällt, steht in keinem Verhältnis zu dem angerichteten Schaden. ... Alles spricht dafür, dass auch bei akutem Befall das Belassen der Bäume im Bestand die günstigere Alternative ist, sowohl in Bezug auf wirtschaftliche, gesellschaftliche und naturschutzfachliche Interessen."

Die Kritik an einer Käferbekämpfung, die zu solchen katastrophalen Großkahlschlägen führt, ist verständlich. Aber, sollen wir die noch existierenden Fichtenwälder tatsächlich sich selbst überlassen? Denken wir zum Beispiel an den Bayerischen Wald mit seinen nach wie vor relativ hohen Fichtenanteilen. Ohne Käferbekämpfung würde die Fichte relativ schnell dem Käfer zum Opfer fallen. Eindrucksvoll kann man dies im Erweiterungsgebiet des Nationalparks Bayerischer Wald sehen. Nach Aufgabe der Käferbekämpfung ist die Fichte flächig abgestorben.

Ein Verzicht auf eine Käferbekämpfung ist deshalb keine wirkliche Alternative. Ganz zu schweigen von den immensen Vermögensverlusten, den ein Verzicht der Bekämpfung für die Waldbesitzer bedeuten würde. Aber wie kann der Borkenkäfer erfolgreich bekämpft werden, ohne dass diese schrecklichen, nicht tolerablen Großkahlschläge entstehen?

DAS FRANKENWALDDRAMA – UND WAS WIR DARAUS LERNEN KÖNNEN

Seit Jahren frisst der Käfer im Frankenwald. Millionen Festmeter von Schadholz und tausende von Hektar Schadflächen sind inzwischen entstanden. Wie in einem Brennglas können wir hier den gesamten Problemkreis „Fichte-Borkenkäfer" studieren.

An sich hat der Frankenwald ein kühl-feuchtes Mittelgebirgsklima mit Niederschlägen zwischen 850–1.100 mm pro Jahr. Während der Vegetationszeit fallen jedoch nur zwischen 300–400 mm, in den letzten Jahren auch deutlich weniger. Da die Böden oft sehr skelettreich sind,

Die Problemfelder im Detail:

- Wir sehen, dass die Fichte bei langanhaltendem Wassermangel nur wenig Abwehrkräfte gegen den Käfer besitzt.
- Eine durch ungünstige Umweltbedingungen entstandene Borkenkäfer-Massenvermehrung kann nicht gestoppt, aber erfolgreich eingedämmt werden.
- Zögerliche bzw. falsche Käferbekämpfung führt zu einem ungebremsten Populationsanstieg des Käfers und Großkahlflächen sind nahezu unvermeidlich.

die Fichte in der Regel jedoch nur den oberen Bodenbereich durchwurzelt, leidet sie sehr schnell an Wassermangel. Trockenschäden und Käferbefall sind die Folgen.

Untersucht man die Verteilung der Käferschäden, kommt man zu einem bemerkenswerten Ergebnis: Im Staatswald sind die Schäden bei Weitem nicht so groß wie im Privatwald.

Die überwiegende Zahl der Kahlflächen findet sich im Privatwald. Durch intensive Käfersuche und schnelle Aufarbeitung konnte im Staatswald die Massenvermehrung des Käfers zwar nicht gestoppt, aber erfolgreich eingedämmt werden.

Anders ist die Situation im Privatwald. Kahlfläche reiht sich an Kahlfläche. Trotz intensivem Personaleinsatz von Forstverwaltung und Privatwaldorganisationen, der Käfer ist einfach nicht in den Griff zu bekommen. Woran liegt das? Etwas vereinfacht kann man sagen, die Harvester fahren dem Käfer hinterher. Aufgearbeitet werden die Flächen mit viel Käferholz. Finanziell lohnend, jedoch nur mit einem sehr eingeschränktem Bekämpfungseffekt. Zu einem Großteil ist der Käfer bereits ausgeflogen. Frisch befallene Fichten kommen nicht selten zu spät an die Reihe. Zum Teil erst dann, wenn auch hier der Käfer bereits wieder ausgeflogen ist.

Drängend ist deshalb die Frage, wie kann auch im Privatwald eine wirkungsvolle Käferbekämpfung erreicht werden. Grundsätzlich ist der Waldbesitzer zur Käferbekämpfung verpflichtet. Wird dieser Verpflichtung nicht nachgekommen, kann die staatliche Forstverwaltung den Besitzer zur Aufarbeitung der befallenen Hölzer auffordern. Ist diese hoheitliche Maßnahme erfolglos, kann über das zuständige Landratsamt die Käferbekämpfung unter Androhung der Ersatzvornahme angeordnet werden. Wir sehen, in der Abfolge dieser Schritte vergeht viel Zeit, nicht selten zu viel Zeit. Wenn wir in Zeiten des Klimawandels eine wirkungsvolle Käferbekämpfung erreichen wollen, die zum Schutz des Waldes und der Vermögen meines Erachtens zwingend notwendig ist, brauchen wir einen Systemwechsel. Im Katastrophenfall sollte der staatlichen Forstverwaltung die Kompetenz eingeräumt werden, sofort, wenn notwendig, eine Bekämpfung ohne die bisherigen Zeitverzögerungen durchführen zu können.

Um Fichtenbestände klimastabil gestalten zu können, braucht es Zeit. Diese Zeit sollten wir der Fichte durch eine effektive Borkenkäferbekämpfung geben.

ERFOLGREICHE KÄFERBEKÄMPFUNG DURCH BOHRMEHLSUCHE

Das A und O einer erfolgreichen Käferbekämpfung ist das rechtzeitige Finden der befallenen Bäume. Hierzu hilft uns das Bohrmehl, welches beim Anlegen der Muttergänge in den ersten zwei Wochen des Befalls entsteht.

Wo suchen?

Mit der Bohrmehlsuche sollte zunächst an den Käfernestern des Vorjahres begonnen werden. Ebenso ist damit zu rechnen, dass von liegengebliebenem Fichtenholz (Polter, Schadholz, Brennholz, Hiebsreste) ein Befall ausgeht. Steigen die Temperaturen über 30 °C, zieht sich der Buchdrucker zum Befall auch in das Bestandesinnere zurück. Die Suche sollte auch in die Bestandestiefe ausgedehnt werden.

Wann suchen?

Ab Mitte April bei einer Lufttemperatur über 16,5 °C ist bei warm-trockener Witterung mit einem ersten starken Schwärmflug zu rechnen.

Das Bohrmehl ist nur in den ersten zwei Wochen nach dem Einbohren

Bohrmehl am Stammfuß (links); Bohrmehl auf der Rindenschuppe (rechts)

Fotos: Walter Schubach

zu finden. Je länger man nach dem Einbohren wartet, desto schwerer ist das Bohrmehl zu finden. Es ist deshalb wichtig, darauf zu achten, wann die Masse der Käfer fliegt.

Bei Regen wird das Bohrmehl abgewaschen. Man sollte deshalb nach Regenfällen mit der Suche einen Tag warten.

Was braucht es?
Farbspray zum Markieren der befallenen Bäume, ein Taschenmesser zum Prüfen der Entwicklung des Käfers

Wo finden?
Auf Rindenschuppen, Astgabeln, auf Spinnweben, im Moos am Stammfuß oder auf Blättern der Bodenvegetation wie zum Beispiel der Brombeere

Was tun?
Auch wenig Bohrmehl ist ein sicheres Zeichen für einen Befall. Die betroffenen Fichten sind zu fällen und müssen, wenn eine Abfuhr innerhalb von ein bis zwei Wochen nicht möglich ist, mindestens 500 m zum nächst gelegenen Fichtenbestand gelagert oder ggf. mit einem Pflanzenschutzmittel behandelt werden.

Das Fällen der Käferfichten sollten Sie nur dann selbst durchführen, wenn Sie in der Holzernte erfahren und geübt sind. Zahlreiche Unfälle, leider oft auch tödliche, ereignen sich beim Einschlag der Käferhölzer. Ob von der örtlichen Waldbauernvereinigung oder von anderer Seite, Sie können die notwendige Unterstützung bekommen.

MIT ANDEREN METHODEN GEGEN DEN BORKENKÄFER

Die Borkenkäferbekämpfung ist aufwendig. Es ist deshalb kein Wunder, dass es zahlreiche Ideen und Überlegungen gibt, diese zu erleichtern.

Fangbäume

Fangbäume können nur eine verhältnismäßig geringe Anzahl von Käfern aufnehmen. Der Nutzen steht in keinem Verhältnis zum Aufwand für Fällung und Überwachung. Sobald sie vom Borkenkäfer befallen wurden, sind sie eine gefährliche Lockstoffquelle mitten im Risikogebiet.

Pheromonfallen

Sie eignen sich zur Überwachung einer Borkenkäferpopulation und liefern Informationen über den Schwärmverlauf und geben damit Einblick in die Anzahl der Folgegenerationen. Eine sorgfältige Auswahl der Fallenstandorte ist notwendig. Keinen Erfolg haben sie bei der Borkenkäferbekämpfung.

Natürliche Feinde

Borkenkäfer haben zahlreiche natürliche Feinde wie zum Beispiel den

Ameisenbuntkäfer. Einen Zusammenbruch einer Massenvermehrung können sie jedoch nicht bewirken.

Borkenkäferspürhunde

Entsprechend trainierte Hunde können vom Borkenkäfer befallene Bäume erfolgreich auffinden. Da die Suche für die Hunde relativ anstrengend ist, können sie pro Tag nur bis zu zwei Stunden eingesetzt werden. Die Kosten für die Käfersuche sind somit relativ hoch. Gleichzeitig ist das Problem ungeklärt, wer hierfür insbesondere im Kleinprivatwald die Kosten trägt. Rein gesetzlich ist der Waldbesitzer verpflichtet, seinen Wald regelmäßig auf Borkenkäferbefall zu kontrollieren.

In den Hauptschadensgebieten entstehen zurzeit Kahlflächen von bisher nicht gekannter Größenordnung. Zumindest versuchsweise könnte probiert werden, ob durch den Einsatz von Spürhunden die Käfersuche und damit die Bekämpfung optimiert werden kann.

Befallskarten aus Fernerkundungsdaten von Drohnen oder Satelliten

Das Erkennen eines Befalls bei noch grüner Krone ist bislang, auch wenn teilweise anderes behauptet wird, noch niemandem zuverlässig gelungen. Ein Befall wird bislang aus der Luft erst dann erkannt, wenn die Kronen sich langsam rot verfärben. Der Käfer ist dann aber in der Regel bereits ausgeflogen. Dennoch können solche Karten für die Bekämpfung des Käfers hilfreich sein. Übersehene bzw. noch nicht lokalisierte Befallsherde werden erkannt und können aufgearbeitet werden.

Das Wichtigste in Kürze

Der Borkenkäfer ist für die Fichte der begrenzende Faktor im Klimawandel. Die Vitalität des Käfers nimmt zu, während bei der Fichte die Abwehrkräfte durch Trockenheit und Hitze schwinden.
Für den Umbau der Fichtenbestände benötigen wir Zeit, die wir nur durch eine effektive Borkenkäferbekämpfung gewinnen.

BEGINNT DAS ZEITALTER DES FEUERS?

Fast jedes Jahr lesen oder hören wir dramatische Berichte über verheerende Waldbrände in Kalifornien, Kanada oder Südeuropa. Allein im Jahr 2022 verbrannte in Spanien eine Waldfläche von 2.754 Quadratkilometern, in Portugal 94 waren es 949 Quadratkilometer und in Frankreich 465 Quadratkilometer. Ganz zu schweigen von der schlimmsten Brandkatastrophe in der Geschichte der USA, als im Januar und Februar 2025 Waldbrände in und um Los Angeles wüteten. Angetrieben durch starke Winde und einer durch monatelang ausgetrockneten Vegetation zerstörte das Feuer um die 16.000 Gebäude. 29 bestätigte Todesopfer waren zu beklagen, hunderttausende Einwohner mussten evakuiert werden. Ein geschätzter Versicherungsschaden von sage und schreibe 28 Milliarden Dollar entstand.

Feuerwehrleute suchen nach Glutnestern. Foto: Benedict Rottmann/Pixabay.com

Aber auch in Deutschland brannten 2022 die Wälder. In der Sächsischen Schweiz brannte es im Nationalpark, wo 115 Hektar den Flammen zum Opfer fielen. Im angrenzenden tschechischen Nationalpark waren es gar 1.100 Hektar, 14 % der Nationalparkfläche. Im Süden Brandenburgs entzündete sich in der Nähe der Kleinstadt Falkenberg das Feuer. Mehr als 800 Hektar Wald und Wiesen standen in Flammen. Mehrere Ortschaften wurden evakuiert, 600 Menschen mussten ihre Häuser verlassen.

Welche Ursache haben Waldbrände? Müssen wir damit rechnen, dass im Zuge der Klimaerwärmung Waldbrände auch bei uns eine ganz andere Rolle spielen?

URSACHE VON WALDBRÄNDEN

Blitzschlag ist die einzig natürliche Brandursache, die vor allem im gebirgigen Gelände und im Hochsommer während Trockenperioden und kombiniert mit Gewitterlagen auftritt. Diese Brände sind zwar flächenmäßig meist unbedeutend, können aber durch schwer zugängliches Gelände, unterirdisches Schwelverhalten und aufwendige Löschmaßnahmen hohe Kosten verursachen.

Der Mythos, dass Glasscherben und Glasflaschen einen Brand entfachen können, hielt einer Überprüfung nicht stand. Schon 2006 führte der Deutsche Wetterdienst hierzu umfangreiche Experimente durch. Glasscherben, so lautete das Ergebnis, fallen als Brandursache aus.

In aller Regel ist es der Mensch. Versehentlich, aber auch nicht selten absichtlich, verursacht er rund 90 % der Waldbrände. Zu sehen ist das auch an der Statistik. Das Jahr 2020 war ebenfalls ein sehr trockenes Jahr. Dennoch musste die Feuerwehr im Vergleich zu den Vorjahren weniger in die Wälder zum Feuerlöschen ausrücken. Durch den Corona-Lockdown hatten die Menschen weniger Gelegenheit absichtlich oder unabsichtlich Bäume zu entzünden.

Die Motive zur Brandstiftung sind extrem heterogen. In Sachsen wurde zum Beispiel vor einigen Jahren ein 21-Jähriger verurteilt. Um sich als Held zu erweisen, hatte er 13 Feuer gelegt. In der mehrere hundert Hektar umfassenden Brandfläche zwischen Sachsen und Brandenburg fand man später, als die Flammen gelöscht waren, Brandbeschleuniger. Manche der Täter haben eine sogenannte Pyromanie, den krankhaften Drang, Feuer zu legen. Sie wollen es brennen sehen und die Feuerwehr beim Löschen beobachten.

Waldbrandgefahr steigt

Extreme Wetterlagen mit Trocken- und Hitzewellen wie 2018, 2019 und 2020 werden zukünftig wahrscheinlich zunehmen. Die Hitzeglocke, die 2021 im Nordwesten der USA und im Westen Kanadas zu katastrophalen Waldbränden führte, hat diese Entwicklung eindrucksvoll bestätigt. Das klimatische Waldbrandrisiko ist in der jüngeren Vergangenheit angestiegen und wird sich weiter verschärfen.

Professor Johann Georg Goldammer, einer der erfahrensten Waldbrandexperten der Erde, ist davon überzeugt, dass die menschengemachte Erwärmung die Erde entflammbar gemacht hat. Vom niederländischen Nobelpreisträger Paul Crutzen, dem Entdecker des Ozonlochs, wurde Goldammer einst an das Global Fire Monitoring Center in Freiburg, eine Art globale Waldbrandzentrale, geholt. In mehr als 40 Forscherjahren hat der Feuerökologe Goldammer erlebt, wie der Mensch, der sich der Erde bemächtigt hat, durch Überschwemmungen, Stürme, Dürren und brennenden Landschaften zunehmend in die Defensive gerät. Er ist überzeugt, dass wir am Beginn einer neuen Ära, der Ära des Pyrozäns, dem Zeitalter des Feuers stehen.

Für dieses neue Zeitalter muss sich der Mensch wappnen. Dörfer und Städte, Wiesen und Wälder, ja ganze Öko- und Gesellschaftssysteme müssen sich nach seiner Meinung feuerfest machen. „Wir müssen lernen, mit dem Feuer zu leben, selbst dort, wo man es eher nicht erwartet."

Veränderung der Waldbrandgefahr in Europa: Vergleich des Ist-Zustandes mit der Zeitspanne 2041–2070 (IPCC,WG II, AR5)

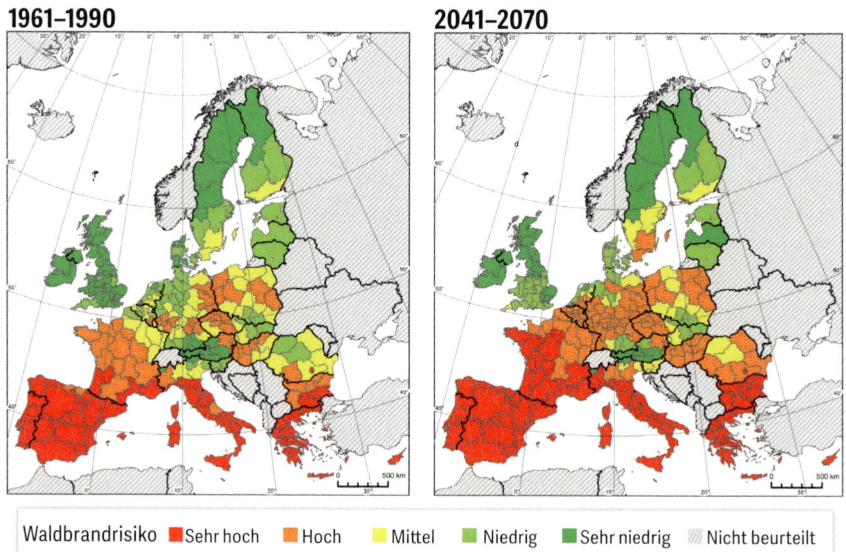

Das Risiko für Waldbrände steigt. Künftig werden nicht mehr nur Länder im Mittelmeerraum von Waldbränden betroffen sein, auch in Mittel- und Nordeuropa wächst die Bedrohung. Wärmere Sommer und längere Trockenphasen verstärken das Risiko von Waldbränden.

Mit den Extremwetterlagen wird Deutschland brennbarer, nicht nur in Brandenburg mit seinen Kiefernwäldern, sondern auch im Rest der Republik.

Totholz noch tolerierbar?

Im Zuge des Klimawandels wird der Wald wesentlich brandgefährdeter. Können wir es uns deshalb überhaupt noch leisten, den Wald weiter mit Totholz, welches wir aus Gründen der Biodiversität so dringend benötigen, weiter anzureichern? Oder ist es im Gegenteil nicht sogar angezeigt, den Vorrat an Totholz wieder zu verringern?

Zu diesem Problemkreis hat Alexander Held, Senior-Experte für Feuer-Management im Bonner Büro des European Forest Institute, 2022 in einem Interview (Holzzentralblatt Nr. 43, S. 739) ausführlich Stellung genommen.

Stichwort Totholz: Wie bewerten Sie den Zuwachs an Brennmaterial im Wald?

Alexander Held: „Totholz im Wald gab es natürlich immer. Trotzdem war früher teilweise weniger Brennmaterial da, weil der Wald anders genutzt wurde. Stichwort Streunutzung: Man hat aus Armutsgründen Einstreu für den Stall aus dem Wald geholt; außerdem fand im Wald Beweidung statt.

Wenn wir in heutige „Urwälder", also naturnahe Wälder schauen, gibt es dort mehr Totholz als in bewirtschafteten Wäldern. Trotzdem brennen naturnah bewirtschaftete Wälder schlechter, weil sie ein anderes Waldinnenklima haben, mit Temperaturen von ungefähr 5°C weniger. Die Luftfeuchtigkeit ist dort deutlich höher, der Waldboden speichert mehr Wasser, es gibt weniger Wind – das alles sind Bedingungen, die den Wald weniger brennbar machen.

In den Rückegassen intensiv bewirtschafteter Wälder zieht der Wind, die Sonne scheint auf den Waldboden, und diese Wälder sind mit zwei, drei Hauptbaumarten, unter denen Gras und Heide wachsen, teilweise sehr artenarm. Dass diese Wälder brennbarer sind und dass das Totholz, das in solchen Wäldern liegt, brennt, liegt auf der Hand."

Wir müssen das Konzept Totholz also von mehreren Seiten neu denken?

Alexander Held: „Ja. Die Frage schwarz-weiß zu diskutieren: Totholz – ja oder nein, das wäre fatal. Selbstverständlich brauchen wir Totholz. Es wäre fatal, alles Totholz aus dem Wald zu räumen, weil wir dann lang-

fristig einen instabilen, brennbaren Wald kriegen.

Also, wir brauchen ein Konzept, das im Wirtschaftswald phasenweise z. B. 30 oder 40 Festmeter Totholz pro Hektar erlaubt, im Nationalpark vielleicht 100 oder 200 Tonnen je Hektar.

Wir erlauben uns Totholz auf der Fläche, um einen zukunftsfähigen Wald hinzubekommen. Totholz verrottet, wird zu Boden, der Wasser speichert und verdunstet, der als Kältepumpe wirkt und Baumarten trägt, die wir haben wollen. Der Wald ist unser Heiligtum, wenn wir über den klimastabilen Wald der Zukunft reden."

Wie lassen sich auf totholzbedeckten Flächen Brandschutz und Brandbekämpfung realisieren?

Alexander Held: „Man muss sich darauf einigen, z. B. alle 150 oder alle 500 ha einen Weg als strategischen Waldbrandschutzweg auszubauen. Und zwar als „Wundstreifen", als sehr gemanagte Fläche mit breiten Schutzzonen links und rechts, auf der leicht brennbare Biomasse, also Brandlast, entfernt und kein Totholz angereichert wird. Auf einer solchen etwa 30 m breiten Schneise verliert ein heißes Feuer schlagartig an Energie und ist dann schnell und sicher zu löschen. Mit einem solchen Kompromiss kann die Feuerwehr arbeiten – und wir können uns Totholz erlauben, weil wir es brauchen."

Trockenperioden erhöhen die Gefahr von Waldbränden enorm.
Foto: Landon Parenteau/Unsplash

Wie sollte Ihrer Einschätzung nach ein zeitgemäßes Waldbrandmanagement aussehen?

Alexander Held: „Wir sollten dahin kommen, dass jeder begreift: Die Feuerwehr anzurufen ist nur ein Tool im Waldbrandmanagement. Ansonsten umfasst ein modernes, integriertes Waldbrandmanagement einen ganzen Strauß von Maßnahmen, der auf die lokalen Gegebenheiten und den Einzelfall abgestimmt wird.

Überlegter Waldbau gehört dazu – schon ein Drittel Laubholzanteil macht den Wald weniger brennbar. Wenn der Wald schattig ist, die Windgeschwindigkeit bremst, hohe Luftfeuchtigkeit durch dicke Stämme und feuchten Boden mit reichem Bodenleben hat, ist er weniger brennbar.

Prävention gehört dazu – z. B. Waldwege als Schutzzonen aufzuwerten.

Der aufgeklärte Bürger im Waldbrandgebiet gehört dazu. Schulungen, Ausbildungsmodule, Übungen – das Zusammenwirken von Waldbesitzern, Förstern, Feuerwehren, Zivilschutz und Anwohnern muss in Risikogebieten zur Normalität werden. Eine dauerhafte Plattform Waldbrand auf Länder – und Bundesebene könnte dabei hilfreich sein.

Von dem Gedanken an ein Leben ohne Waldbrände sollten wir uns verabschieden. Wir müssen mit dem Feuer leben – und mit ihm umgehen können."

In einem anderen Interview, erstveröffentlicht von T-Online.de, antwortet Held auf die Frage, welche Hürden es für den Waldumbau gibt, folgendermaßen: „Einerseits haben wir in Deutschland noch eine sehr hohe Dichte an Wildbeständen. Gerade an den Standorten, die wir jetzt umbauen müssten, verhindert ein hoher Verbissdruck des Wildes den eigentlich natürlichen Waldumbau.

Wenn man sich anschaut, was normalerweise am Waldboden keimt, kommt der Mischwald eigentlich von allein. Aber Rehe sind natürlich Feinschmecker und verbeißen, also fressen die Keimlinge der Baumarten, die wir eigentlich brauchen, so wie Ahorn, Tanne, Eiche oder Linde. Wenn wir den Umbau beschleunigen wollen – und das auf großer Fläche – bräuchten wir eine Abkehr vom traditionellen Jagen, d. h. eine daran angepasste Jagdstrategie. Jagen für den Waldumbau, jagen als Klimawandeldienst."

Das Wichtigste in Kürze

Mit der Erderwärmung, der Zunahme von Trocken- und Hitzeperioden, erhöht sich das Waldbrandrisiko spürbar. Entsprechend der verschiedenen Klimaszenarien haben wir eine andere, wesentlich höhere Gefährdungslage als bisher.

Insbesondere in Waldbrandrisikogebieten ist ein zeitgemäßes Waldbrandmanagement unter Beteiligung aller Akteure erforderlich. Jeder Einzelne ist aufgefordert, sich dementsprechend zu verhalten.

HOLZ – EIN SCHMUTZIGER ROHSTOFF?

In meinem gesamten Berufsleben war ich stolz darauf, dass wir mit unserer naturnahen und nachhaltigen Forstwirtschaft diesen wunderbaren Rohstoff Holz produzierten. Extrem vielseitig einsetzbar, immer wieder nachwachsend und noch dazu klimafreundlich. Erste Stimmen, die insbesondere das Verbrennen von Holz kritisierten, ignorierte ich bzw. nahm diese nicht ernst. Völlig konsterniert war ich, als in der EU diskutiert wurde, Holz nicht mehr als nachwachsenden Rohstoff anzusehen. Die Verwendung von Holz, insbesondere das Verbrennen von Holz sei klimaschädlich. Peter Wohlleben, gern gesehener Talkgast in den Medien, wenn es um das Thema Wald geht, formuliert es so: „In Summe ist Holz damit einer der schmutzigsten Rohstoffe überhaupt, so schön die daraus entstehenden Produkte auch sind". Gefordert wird, dass auch für Holz eine CO_2-Steuer wie bei den fossilen Energieträgern erhoben wird. Schließlich sei das Verbrennen von Holz klimaschädlicher als Kohle. Unbewirtschaftete Wälder seien im Klimaschutz effektiver als bewirtschaftete.

Wie ist mit dieser Kritik, die in Summe eine naturnahe Forstwirtschaft in Frage stellt, umzugehen? Wer möchte schon einen schmutzigen Rohstoff produzieren? Ich nicht.

THESE 1

Holz verursacht mehr CO_2-Emissionen als fossile Brennstoffe

Unvermeidbar ist, dass bei der Verbrennung von kohlenstoffhaltigen Brennstoffen CO_2- freigesetzt wird. Die Kritiker der energetischen Holzverwendung führen an, dass der CO_2-Ausstoß je Energieeinheit von Holzfeuerungen die CO_2-Ausstöße von fossilen Energieträgern noch übertreffen würde. Dies ist grundsätzlich richtig.

Bei der Verbrennung von Erdgas und Heizöl sind die CO_2-Emissionen geringer als beim Holz. Ist das Verbrennen von Holz deshalb klimaschädlicher als das Verbrennen von fossilen Energieträgern? Entscheidend ist, woher der verbrannte Kohlenstoff stammt. Beim Holz wurde er erst vor kurzer Zeit aus dem natürlichen Kreislauf zwischen Atmosphäre und Vegetation entnommen, nämlich durch die Photosynthese der Bäume. Vermutlich ist das Kohlenstoffatom schon viele Male zwischen Atmosphäre und Biomasse hin – und hergewandert. Innerhalb dieses natürlichen Kreislaufs zwischen Holzzuwachs und Holzzersetzung erfolgt die Holzenergienutzung mit dem Unterschied, dass die energetische Verwertung die natürliche Holzzersetzung ersetzt. Bei den fossilen Brennstoffen handelt es sich dagegen um Kohlenstoff, der viele Millionen Jahre im Erdboden gespeichert war und nun zusätzlich in die Atmosphäre gelangt, wo er die bekannten Probleme verursacht.

Damit die Holznutzung nachhaltig und klimaschonend bleibt, ist es zwingend erforderlich, dass die Holzentnahme nicht größer als der Zuwachs ist. In Deutschland ist dies, wie die Zahlen der Bundeswaldinventur zeigen, grundsätzlich der Fall. Abgesehen von den zurückliegenden Trocken- und Hitzejahren, wo zwangsweise Millionen von Festmeter Schadholz anfielen, liegt der

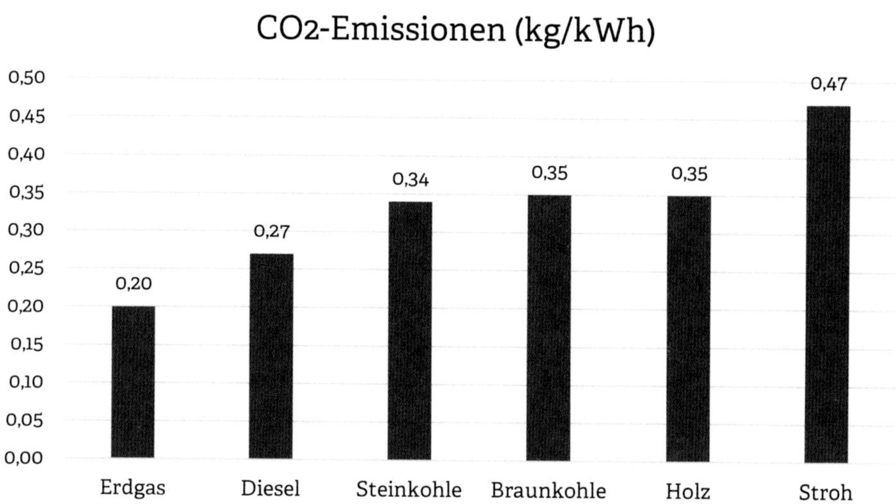

CO_2-Emissionen je bereitgestellter Energiemenge verschiedener Brennstoffe

Einschlag regelmäßig unter dem Zuwachs.

Eine weitere Bedingung für eine nachhaltige energetische Nutzung des Holzes besteht darin, dass auch die Kohlenstoffspeicher der Waldböden intakt bleiben. Ungefähr die Hälfte des Kohlenstoffs von Waldökosystemen ist im Boden, insbesondere im Humus, gebunden. Kritiker der Holzenergie befürchten wegen der gestiegenen Energieholznachfrage eine Übernutzung der Wälder und durch unsachgemäße Bewirtschaftungsmaßnahmen wie zum Beispiel Kahlschläge einen Verlust des wertvollen Humuskapitals und damit eine Störung des Kohlenstoffkreislaufs. Tatsächlich wird in Deutschland auf einem Großteil der Waldfläche ein naturnaher Waldbau praktiziert. Die durch Borkenkäferbefall entstandenen Großkahlflächen sind desaströs, da hat jeder Kritiker recht. Sie sind jedoch kein Maßstab für eine Beurteilung der Bewirtschaftung im Normalbetrieb. Mehrere Studien haben inzwischen gezeigt, dass es keinen signifikanten Unterschied im Kohlenstoffgehalt der Böden zwischen naturnah bewirtschafteten und langfristig unbewirtschafteten Wäldern gibt.

THESE 2

Bei der Holzverbrennung entstehen neben CO_2 noch weitere klimaschädliche Abgase, die den Treibhauseffekt verstärken

Umfangreichen Messungen zeigten, dass dieser Einwand nicht ganz unberechtigt ist. Bei unvollständiger Verbrennung können Anteile an klimaschädlichem Methan entstehen. Interessant ist in diesem Zusammenhang der Vergleich mit Wärmepumpen. Beim aktuellen Strommix aus fossilen und erneuerbaren Quellen liegen die diesbezüglichen Emissionen erheblich über denen von Holzheizungen.

THESE 3

Der Ausstoß von Partikeln aus Holzfeuerungen führt zu klimaschädlichem „Black Carbon Emissionen"

Unter „Black Carbon" werden lichtabsorbierende, kohlenstoffhaltige Partikel zusammengefasst, die bei der Verbrennung von Diesel, Kohle oder Holz entstehen. Es verdichten sich die Hinweise, dass diese Stoffe wegen ihrer schwarzen Farbe besonders schädliche Auswirkungen auf das Weltklima haben. Ihr Beitrag zur Erderwärmung ist jedoch nur schwer quantifizierbar. Der Weltklimarat (IPCC) geht jedoch davon aus, dass Black Carbon einen sehr hohen Treibhausgasfaktor besitzt, nämlich zwischen dem 100- und dem 1.700-fachen von CO_2.

Black Carbon ist das Produkt einer unvollständigen Verbrennung. Die wichtigsten Quellen für seine Entstehung sind das Verbrennen im Freien, in Haushalten, im Verkehr und in der Industrie.

Bei der energetischen Holznutzung besteht das oberste technologische Ziel darin, eine möglichst vollständige Verbrennung zu CO_2 und Wasserdampf zu erreichen. Dies gelingt jedoch nicht bei allen Feuerungen optimal. Insbesondere kleine Holzöfen haben hier häufig ein Problem. Nicht nur aus Gesundheitsgründen sollten daher alle Anstrengungen unternommen werden, die Feinstaubbelastung durch solche Anlagen (zum Beispiel Staubabscheider) zu senken. Bei automatisch beschickten modernen Holzzentralheizungen entsteht dagegen nahezu kein Black Carbon.

Alte Holzöfen sind ein Problem, weil die Verbrennung oft nicht optimal ist.

Foto: PublicDomainPictures/Pixabay.com

THESE 4

Holzverbrennung ist gesundheitsschädlich

Neben CO_2 werden bei der Verbrennung von Holz auch Staubpartikel, zum Beispiel in Form von Ruß, freigesetzt. Vor allem sehr feine Partikel mit einem Durchmesser < 2,5 µm gelten als gesundheitsschädlich. Laut Umweltbundesamt waren im Jahr 2020 die Haushalte und Kleinverbraucher mit rund einem Viertel am Entstehen dieser Emissionen beteiligt. Ein Großteil davon entfällt auf die Holzverbrennung. Offensichtlich besteht hier Handlungsbedarf. Pauschale Aussagen und Urteile über die energetische Holznutzung sind jedoch nicht zielführend. Alte Scheitholz-Kaminöfen kann man nicht mit modernen, emissionsarmen Feuerungen gleichsetzen. Moderne Holzzentralheizungen (zum Beispiel neuartige Pelletkessel) emittieren nur noch eine sehr geringe Menge an Staub. Beim Heizen mit Holz kommt es also darauf an, welche Anlage man verwendet. Deshalb sind die alten Anlagen kontinuierlich durch moderne, dem Stand der Technik entsprechende Holzöfen zu ersetzen. Und hier, das zeigen die Zahlen, ist man auf einem guten Weg. Der Austausch alter Holzfeuerungen ist in vollem Gang.

THESE 5

Unbewirtschaftete Wälder leisten einen höheren Beitrag zum Klimaschutz

Manche Kritiker der Holzenergie führen an, dass es für das Klima besser sei, Wälder überhaupt nicht zu nutzen und sie als natürlichen Kohlenstoffspeicher zu nutzen. Messungen und Berechnungen zahlreicher Institute zeigen jedoch, dass die Möglichkeiten eines Vorratsaufbaus durch einen Nutzungsverzicht nicht überschätzt werden sollten. In Nadelholzbeständen ergab ein Vergleich

Ein schönes altes Holzhaus: Viele Tonnen CO_2 sind langfristig gespeichert.
Foto: Walter Schubach

Resthölzer aus der Holzernte, wohl nur energetisch zu verwerten
Foto: Walter Schubach

der Vorräte (einschließlich Totholz) nicht bewirtschafteter und denen bewirtschafteter Bestände keinen signifikanten Unterschied im Holzvorrat der lebenden und toten Biomasse. Bei den Laubwäldern war der Vorrat der nicht bewirtschafteten Bestände erwartungsgemäß etwas größer. Insgesamt sind daher die Möglichkeiten eines weiteren Vorratsaufbaus durch einen Nutzungsverzicht nur sehr begrenzt gegeben. Zudem ist zu bedenken, dass sich die CO_2-Senkenleistung von Wäldern nicht allein aus ihrem Vorrat ergibt, sondern vielmehr aus ihrem Zuwachs. Dieser ist in bewirtschafteten Wäldern signifikant höher als in unbewirtschafteten Beständen. Durch die Nutzung der Wälder entsteht ein zusätzlicher Kohlenstoffspeicher in Form der verschiedenen Holzprodukte. Je nach dem entstandenen Holzprodukt wird der Kohlenstoff unterschiedlich lang gespeichert. Bei der energetischen Nutzung wird er sofort, bei der stofflichen Nutzung erst bei deren Ende freigesetzt.

Ein weiterer entscheidender Effekt bei der Holzverwendung ist, dass mit dem Rohstoff Holz bei Herstellung, Gebrauch und Entsorgung fast immer deutlich weniger Treibhausgase emittiert werden als bei funktionsgleichen Produkten aus anderen Materialen. Die Herstellung eines Fensters aus Aluminium braucht zum Beispiel deutlich mehr Energie als die eines Holzfensters. Holz dient so zur Substitution fossiler Brennstoffe und Materialien, wodurch zusätzliche Holzproduktspeicher aufgebaut und Emissionen vermieden werden. Das Thünen-Institut geht dabei im Jahr 2020 von einer Kohlenstoffsenke durch den Holzproduktspeicher von 8,65 Millionen Tonnen CO_2 in Deutschland aus. Anzumerken ist hierbei, dass sich nicht alles Holz stofflich nutzen lässt. Denken wir zum Beispiel an Hölzer aus der Landschaftspflege, Äste und Kronenteile aus der Holzernte, krumme, nicht sägefähige Stammteile und anfallende Nebenprodukte wie z. B. Sägespäne aus dem Einschnitt von Holz. Theoretisch sind zwar auch diese in der Regel stofflich verwertbar, ihre Mengennachfrage reicht jedoch nicht aus, um den gesamten Anfall stofflich verwerten zu können.

Insgesamt kann man deshalb feststellen: Nachhaltig bewirtschaftete Wälder haben eine höhere Klimaschutzwirkung als unbewirtschaftete Wälder, insbesondere, wenn man die Substitutionseffekte einbezieht. Nach dem derzeitigen Wissensstand ist es nicht gerechtfertigt, einen großflächigen Nutzungsverzicht mit Klimaschutz zu begründen.

Das Wichtigste in Kürze

Nachhaltig bewirtschaftete Wälder haben eine höhere Klimaschutzleistung als unbewirtschaftete Wälder. Sowohl die stoffliche als auch die energetische Holzverwertung leisten hierzu einen wertvollen Beitrag.
Zur Senkung der hohen Feinstaubbelastung aus der Verbrennung von Holz ist es jedoch unerlässlich, dass veraltete Holzöfen zügig durch moderne Feuerungsanlagen ersetzt werden.

AUSBLICK

Momentan haben wir fast eine paradoxe Situation. Auf der einen Seite erleben wir einen Klimarekord nach dem anderen. Der Januar 2025 war zum Beispiel der wärmste, der je gemessen wurde. Die globale Temperatur lag bei 13,23 °C und damit 1,75 °C über dem vorindustriellen Niveau für den Monat Januar, wie der Klimawandeldienst des EU-Programms Copernicus berichtet. Auf der anderen Seite scheint der Klimaschutz keine Rolle mehr zu spielen. So war eine der ersten Maßnahmen des neu gewählten US-Präsidenten Trump der Ausstieg der USA aus dem Pariser Klimaschutzabkommen. Ebenso spielte im zurückliegenden Bundestagswahlkampf Klimaschutz nahezu keine Rolle. Ist es also egal, was wir machen. Sollen wir resignierend die Hände in den Schoß legen?

Nein. Seien wir die Veränderung und beginnen, den in unserer Verantwortung stehenden Wald klimastabil zu gestalten. Er sollte es uns wert sein. Wir schaffen hierdurch wertvolle Trittsteine für einen zukunftsfähigen Wald.

Mit kleinflächigen, femelartigen Eingriffen entstehen strukturreiche Bestände. Foto: Walter Schubach

Waldumbau ist möglich – mit Weitblick und dem Verständnis für den Standort.
Foto: Karin Ch. Taferner

ANHANG

LITERATUR- UND QUELLENVERZEICHNIS

Allgaier Leuch, Barbara et al. (2017): Wälder, die es bei uns bald gibt? Eine Reise in die Provence, Wald und Holz

Allgaier Leuch, Barbara et al. (2017): Naturnaher Waldbau im Klimawandel, Eidg. Forschungsanstalt

Bayerischer Bauernverband, Mitteilungen für Jagdgenossenschaften und Eigenjagdbesitzer, Nr. 2 Dezember 2021

Bayerische Landesanstalt für Wald und Forstwirtschaft (Hg.) (2020): Praxishilfe Klima-Boden-Baumartenwahl Band II, Freising

Bayerische Landesanstalt für Wald und Forstwirtschaft (Hg.) (2008): Die Douglasie – Perspektiven im Klimawandel, LWF Wissen 59

Binder, Franz et al. (2017): Bayerische Alpen – ein denkbares Rückzugsgebiet für die Fichte im Klimawandel, LWF Wissen 80

Binner, Volker (2019): Lebensraum Baum, BLV/Gräfe und Unzer Verlag

Borchert, Herbert et al. (2022): Energetische Holzverwendung. Ist die Kritik berechtigt? , LWF aktuell 5/2022

Brandl, Susanne et al. (2021): Ein Reisebericht aus der Klimazukunft, LWF aktuell 141

Brosinger, Franz (2011): Mehr Mut zur Tanne, LWF Wissen 66

Burgdorf, Nicole et al. (2022): Ahorn-Rußrindenkrankheit, LWF Merkblatt 52

Bundesministerium für Ernährung und Landwirtschaft (2024): Der Wald in Deutschland, Ausgewählte Ergebnisse der vierten Bundeswaldinventur

Dolb, Horst et al. (2016): Borkenkäferbefall in Nordamerika, mögliche Lehren für Mitteleuropa, AFZ-Der Wald 9/2016

Ellenberg, Heinz (1978): Vegetation Mitteleuropas mit den Alpen, Verlag Eugen Ulmer, Stuttgart 1978

Feicht, Elfriede (2006): Hunde im Einsatz zur Suche nach Käferbäumen – möglich oder Spinnerei? LWF aktuell 53

Forstliche Versuchs- und Forschungsanstalt Baden-Württemberg (2000): Natürliche Wiederbewaldung von Sturmflächen, Merkblatt 51/2000

Gertsch, Christof et al. (2023): Die Zukunft der Menschheit, SZ vom 7/8.01.2023

Hähnig, Anne et al. (2022): Wer zündet den Wald an, Die Zeit Nr. 34, 2022

Häne, Koni (1994): Baum des Jahres 1994: Die Eibe, Thema International (Internationales Mitteilungsblatt für Motivphilatelie)

Häne, Koni (2016): Winterlinde und Sommerlinde im Portrait, www.waldwissen.net

Hartmann et al. (2023): Ist die Verbrennung von Holz gesundheits- und klimaschädlich? TFZ Standpunkt 6/2023

Hollersbacher, Michael (2022): Raritäten mit Potenzial, BaySF- Intern, Ausgabe 8/9 2022

Holzapfel, Korbinian et al. (2023): Waldbrände: Die Gefahr droht immer öfter. BLV 16

Holzapfel, Korbinian et al. (2022): Entwicklung der Waldbrandgefahr in Deutschland, LWF aktuell 2/2022

Holzer, Louis: Die Wilderer- und Waldlersaga „Zwischen Himmel und Hölle“, Edition Austro Star

Kanton Aargau: Naturnaher Waldbau, www.ag.ch/de/verwaltung/bvu/wald/waldbewirtschaftung/naturnaher-waldbau

Kautz, Michael et al. (2019): Abschätzung des Buchdruckerrisikos mit Hilfe des Modells PHENIPS, FVA-einblick 2/2019

Kirisits, Thomas (2007): Der Strobe-Blasenrost, Forstzeitung 118

Klemmt, Hans Joachim et al. (2018): Die Eiche(n) im Klimawandel, LWF aktuell 119

Klemmt, Hans Joachim et al. (2023): Die Buche aus der Sicht der Wissenschaft, LWF aktuell 6/2023

Klemmt, Hans Joachim et al. (2013): Das Wachstum der Roteiche im Vergleich zu den einheimischen Eichen, LWF aktuell 97

Kölling, Christian (2018): Muss es immer Eiche sein? LWF aktuell 119

Kölling, Christian et al. (2015): Der Feldahorn als Anbaualternative im Waldumbau, LWF Wissen 77

Kölling, Christian (2024): Wälder in Bewegung, oekom Verlag München 2024

Landesverband BUND NRW (2020): „Forst, Wald und Borkenkäfer", Informationspapier vom November 2020

Lobenstein, Caterina (2022): Im Zeitaltre des Feuers, Die Zeit Nr. 31 2022

Lobinger, Gabriela (2004): Borkenkäfer – ein gefragtes Thema, LWF aktuell 43

Lobinger et al. (2024): Eichenprachtkäfer und Eichensterben, AFZ Der Wald 7/2024

Lüpke, Nikolas et al. (2023): Investitionen nicht im Boden versenken, AFZ – Der Wald 78

Mayer, Hannes (1980): Waldbau, Gustav Fischer Verlag 1980

Meister, Georg (2023): Rettet unsere Wälder, Westend Verlag 2023

Mette, Tobias et al. (2020): Die Zukunft der Kiefer in Franken, LWF aktuell 125

Muck et al. (2008): Die Weißtanne – ein Baum mit Zukunft, LWF aktuell 67

Nejezchleba, Martin (2023): Muss Bambi sterben? „Die Zeit" vom 17.08.2023

Pfister, Andreas et al. (2008): Was bedeutet der Klimawandel für den Borkenkäfer, BWF – Praxisinformation 17

Plothe, Martina (2022): Waldbrände: Ruf nach der Feuerwehr reicht nicht, Holzzentralblatt Nr. 43

Rohwetter, Marcus (2024): Neue Bäume braucht das Land, „Die Zeit" vom 10.10.2024

Rothe, Andreas (2011): Tanne – vom Sorgenkind zum Hoffnungsträger, LWF Wissen 66

Rothkegel, Wolfram et al. (2014): Voranbau von Mischbaumarten, LWF Merkblatt 26

San-Miguel, Ayanz et al. (2016): European Atlas Forest Tree Species, Publication Office of the European Union, Luxembourg

Scheeder, Thomas (1995): Ursache des Eibenrückgangs und forstliche Schutzmöglichkeiten, LWF Wissen 10

Schmidt, Olaf (2015): Naturnahe Forstwirtschaft fördert Artenvielfalt, LWF aktuell 104

Schmidt, Olaf (2004): Die Tanne im Frankenwald, LWF Wisssen 45

Schmidt-Vogt, Helmut (1989): Die Fichte Band 2 Teil 2, Hamburg 1989, ISBN 3-490-09516-2

Schmitt, Stefan (2023): Weiter hoffen. Was der neue Klimabericht für die kommenden Jahre prognostiziert, „Die Zeit" vom 23.03.2023

Schölch, Manfred (2022): Wiederbewaldung von Kahlflächen, Vortrag Interforst 2022

Schölch, Manfred (2009): Der Voranbau als schneller Weg zum Waldumbau in Fichtenbeständen, LWF Wissen 63

Schulte von Drach, Markus (2016): Konterrevolution der Darwinisten, SZ vom 22.08.2016

Schulz, Christoph (2021): Kontrovers diskutiert: Der Klimaschutzbeitrag der Forst- und Holzwirtschaft, LWF aktuell 128

Sèho, Muhidin (2019): Kurzportrait Atlaszeder, www.waldwissen.net

Stern, Horst (1979): Rettet den Wald, Kindler Verlag 1979

Thünen-Institut (2024): Waldschäden durch Trockenheit und Hitze, 2024, www.thuenen.de/waelder

Thünen-Institut (2024): Pressemitteilung vom 25.07.2024: Nur unterstützte Migration von Bäumen erhält Klimaschutzfunktion der europäischen Wälder

Triebenbacher et al. (2022): Mit Geheimdienstmethoden, BWL 21

Triebenbacher et al. (2023): Befallssuche beim Borkenkäfer, www.waldwissen.net

Umweltbundesamt (2023): Monitoringbericht 2023 zur Deutschen Anpassungsstrategie an den Klimawandel

Umweltbundesamt (2023): Sechster Sachstandsbericht des Weltklimarates

Wagner, Sven (2019): Aktuelle Forschungsprojekte zur Wiederbewaldung von Kahlflächen, www.tu-dresden.de

Wohlleben, Peter (2021): Der lange Atem der Bäume, Ludwig Verlag 2021

Weidenbach, Peter et al. (2011): Naturnahe Waldwirtschaft in Baden – Württemberg – ein Rückblick, AFZ – Der Wald, 65. Jahrgang

Zollner, Alois et al. (2019): Wälder und ihre Biodiversität, LWF aktuell 3/2019

DER AUTOR

Walter Schubach, 1959 in Oberfranken geboren, ist verheiratet, hat vier erwachsene Kinder und lebt in einer kleinen niederbayerischen Gemeinde am Rande des Bayerischen Waldes. In München studierte er Forstwissenschaft an der Ludwig-Maximilians-Universität und arbeitete anschließend in der Bayerischen Forstverwaltung in mehreren Abteilungen in verantwortungsvoller Position. Zuletzt leitete er die Forstverwaltung am Amt für Ernährung, Landwirtschaft und Forsten Deggendorf-Straubing.

Intensiv beschäftigte er sich theoretisch und praktisch, immer lösungsorientiert, mit dem Klimawandel und seinen Folgen für den Wald. Darüber informierte er in zahlreichen Vorträgen und Zeitungsartikeln die interessierte Öffentlichkeit. Dem naturnahen Waldbau verschrieben, ist es ihm ein zentrales Anliegen, Wälder für unsere Kinder und Enkelkinder klimastabil zu gestalten.

Foto: Peter Schubach

DANK

Namentlich bedanken möchte ich mich bei meiner Frau Gabriele, der ersten Leserin des Manuskripts. Mit ihren Korrekturen und den kritisch-konstruktiven Kommentaren, aber auch motivierenden Anregungen, hat sie wesentlich zur Entstehung des Buches beigetragen.

Ebenso bedanke ich mich herzlich bei Frau Karin Ch. Taferner für ihr Lektorat sowie ihre fachkundige und umsichtige Mitwirkung bei der Gestaltung des Buchprojekts.